福州市规划设计研究院集团有限公司

学术系列丛书

海纳百川 水润闽都

——福州市水系综合治理的实践探索

林功波 高小平 著

U0195715

中国建筑工业出版社

图书在版编目（CIP）数据

海纳百川　水润闽都：福州市水系综合治理的实践
探索 / 林功波，高小平著. —北京：中国建筑工业出
版社，2024.5
（福州市规划设计研究院集团有限公司学术系列丛书）
ISBN 978-7-112-29811-2

Ⅰ.①海… Ⅱ.①林… ②高… Ⅲ.①水系—综合治
理—研究—福州 Ⅳ.①X526

中国国家版本馆CIP数据核字（2024）第087587号

　　本书为"福州规划设计研究院集团学术系列丛书"中的一本。伴着城市化和工业化的进程，内河环
境遭受破坏，城区内涝和水体黑臭等问题日益凸显。内河治理，成为福州市民的共同心声和迫切期盼。
本书通过对"十二五""十三五"期间福州市内河整治的实践工作整理，梳理了福州城市内河治理的方
法举措，并提出创新理论和经验。将以人民为中心的发展思想贯穿治水全过程，改善内河周边群众生活
环境的同时，彰显城市文化。本书可供城市规划、建筑学等专业领域的学者、专家、师生等阅读参考。

责任编辑：胡永旭　唐　旭　吴　绫　张　华
书籍设计：锋尚设计
责任校对：赵　力

福州市规划设计研究院集团有限公司学术系列丛书
海纳百川　水润闽都——福州市水系综合治理的实践探索
林功波　高小平　著

*

中国建筑工业出版社出版、发行（北京海淀三里河路9号）
各地新华书店、建筑书店经销
北京锋尚制版有限公司制版
北京富诚彩色印刷有限公司印刷

*

开本：889毫米×1194毫米　1/20　印张：10⅗　字数：286千字
2024年8月第一版　　2024年8月第一次印刷
定价：**148.00**元
─────────────────
ISBN 978-7-112-29811-2
（42921）

《福州市规划设计研究院集团有限公司学术系列丛书》编委会

福之青山，园入城；

福之碧水，流万家；

福之坊厝，承古韵；

福之路桥，通江海；

福之慢道，亲老幼；

福之新城，谋发展。

从快速城市化的规模扩张转变到以人民为中心、贴近生活的高质量建设、高品质生活、高颜值景观、高效率运转的新时代城市建设，是福州市十多年来持续不懈的工作。一手抓新城建设疏解老城，拓展城市与产业发展新空间；一手抓老城存量提升和城市更新高质量发展，福州正走出福城新路。

作为福州市委、市政府的城建决策智囊团和技术支撑，福州市规划设计研究院集团有限公司以福州城建为己任，贴身服务，多专业协同共进，以勘测为基础，以规划为引领，建筑、市政、园林、环境工程、文物保护多专业协同并举，全面参与完成了福州新区滨海新城规划建设、城区环境综合整治、生态公园、福道系统、水环境综合治理、完整社区和背街小巷景观提升、治堵工程等一系列重大攻坚项目的规划设计工作，胜利完成了海绵城市、城市双修、黑臭水体治理、城市体检、历史建筑保护、闽江流域生态保护修复、滨海生态体系建设等一系列国家级试点工作，得到有关部委和专家的肯定。

"七溜八溜不离福州"，在福州可溜园，可溜河湖，可溜坊巷，可溜古厝，可溜步道，可溜海滨，这才可不离福州，才是以民为心；加之中国宜居城市、中国森林城市、中国历史文化名城、中国十大美好城市、中国活力之城、国家级福州新区等一系列城市荣誉和称谓，再次彰显出有福之州、幸福之城的特质，这或许就是福州打造现代化国际城市的根本。

福州市规划设计研究院集团有限公司甄选总结了近年来在福州城市高质量发展方面的若干重大规划设计实践及研究成果，而得有成若干拙著：

凝聚而成福州名城古厝保护实践的《古厝重生》、福州古建筑修缮技法的《古厝修缮》和闽都古建遗徽的《如翚斯飞》来展示福之坊厝；

凝聚而成福州传统园林造园艺术及保护的《闽都园林》和晋安公园规划设计实践的《城园同构　蓝绿交织》来展示福之园林；

凝聚而成福州市水系综合治理探索实践的《海纳百川　水润闽都》来展示福之碧水；

凝聚而成福州城市立交发展与实践的《榕城立交》来展示福之路桥；

凝聚而成福州山水历史文化名城慢行生活的《山水慢行　有福之道》来展示福之慢道；

凝聚而成福州滨海新城全生命周期规划设计实践的《向海而生　幸福之城》来展示福之新城。

幸以此系列丛书致敬福州城市发展的新时代！本丛书得以出版，衷心感谢福州市委、市政府、福州新区管委会和相关部门的大力支持，感谢业主单位、合作单位的共同努力，感谢广大专家、市民、各界朋友的关心信任，更感谢全体员工的辛勤付出。希望本系列丛书能起到抛砖引玉的作用，得到城市规划、建设、研究和管理者的关注与反馈，也希望我们的工作能使这座城市更美丽，生活更美好！

福州市规划设计研究院集团有限公司

党委书记、董事长

高学珑

2023年3月

福州自古与水伴生，闽江穿城而过，是国内水网密度最大的城市之一。100多条河流串联山川，通达万家，人们逐水而居，城市依水而兴，生态依水而美，文明由水而生。

但是，伴着城市化和工业化的进程，内河环境遭受破坏，城区内涝和水体黑臭等问题日益凸显。

内河治理成为福州市民的共同心声和迫切期盼。人民群众关心的热点、难点问题，就是各级政府工作的着力点。历届福州市委、市政府始终坚定不移贯彻落实习近平总书记的治水方针，持续推进河湖水系治理，取得了显著成效。

"十二五"期间，福州市以"水清、河畅、路通、景美"为目标，对32条内河综合采用驳岸整修、截污、清淤、景观建设等措施完成阶段性整治，白马河、晋安河两条主干河道以及鼓楼中心区主要补水通道水质指标达到地表Ⅳ类、Ⅴ类水质标准。整治后虽然取得了初步成效，但仍然存在内涝频发、内河黑臭、部分沿河环境脏乱差等问题。

"十三五"期间，2015年2月26日，中央政治局常务委员会会议审议通过《水污染防治行动计划》；2015年4月16日，国务院正式向社会公开《水污染防治行动计划》全文。根据《水污染防治行动计划》要求，直辖市、省会城市、计划单列市建成区于2017年底前基本消除黑臭水体。而福州市被生态环境部列入黑臭水体的共计42条，为彻底解决这些黑臭水体，福州市委、市政府于2016年初启动了新一轮内河整治工作，始终坚定不移贯彻落实习近平总书记的治水方针，坚持黑涝共治，持续推进河湖水系治理。经过1200天的不懈努力，福州市内河水清河畅，"榕颜"尽展。2018年，福州获评全国黑臭水体治理示范城市，福州城市水系综合治理创新机制向全国推广；2020年，城区107条主干河道和49条支流整治完成，379个滨河串珠公园与680km的沿河绿道牵起城市生态走廊。而取得这些成绩的关键要点具体如下：

要点一：全党动员，凝聚合力。坚持党政同责、一岗双责，成立领导小组和指挥部，市委、市政府主要领导挂帅，把水系治理真正打造成"一把手工程"；发挥一线考察指挥棒作用，成立临时党支部和党员突击队，在拆迁、建设、管理养护等各条战线发挥党员力量。

要点二：全民动手，共治共享。坚持问计于民，在治水谋划阶段，实地走访，倾听群众意见建议；打消涉迁群众顾虑，水系治理项目成为福州有史以来最顺利的城市建设征迁项目；采用政府和社会资本合作（PPP）模式，公开招标遴选经验丰富的治水团队扎根福州开展治理。

要点三：条块结合，立体施治。坚持黑臭水体"症状在水中、根源在岸上、核心是管网"的核心，围绕全市156条主（支）河进行地下管网修复改造、老旧小区雨污分流、城中村连片旧改及沿河污染源治理。

要点四：齐抓共治，一体管理。每年3月14日为福州市"河长日"，实行"双河长制"，新修订《福州市城市内河管理办法》、建立内河名录制度；在全省率先成立城区水系联排联调中心、组建水系专职巡察队伍，沿河排口"一口一档"挂牌管理。

要点五：久久为功，造福百姓。人民对美好生活的向往，就是我们的奋斗目标，福州在内河治理过程中，不断创新工作理念，推行务实有效的工作方法，持续巩固治理成效，不断增强群众获得感、幸福感。

同时，本次水系综合整治，还做了以下方面的创新：

一是治理理念。本次创新提出：系统治理理念，对水系"望、闻、问、切"，进行整体治理，综合施策；生态治理理念，坚持山、水、林、田、湖、草、沙是生命共同体，变工程治水为生态治水，让内河"藏得住鱼虾、长得出水草"；治本为主理念，进行管网修复和污水处理厂建设改造，从源头截污、治污。

二是工作方法。本次推行三大工作法：项目工作法，所有工作措施都转化为具体工作任务，所有工作任务都转化为具体项目，明晰责任人和完成时限；一线工作法，所有"参战"人员在一线摸清情况、解决问题；卷地毯工作法，把房屋征迁、管线迁改、水体治理、园林绿化等工作有机结合，连片推进。

三是以人为本。以人民为中心的发展思想贯穿治水全过程。打造休闲空间，通过种树、修路、亮灯、造景、建园，让百姓"推窗见绿、出门见园、行路见荫"；提升居住环境，搬迁拆除两岸旧房，改造提升老旧小区，改善内河周边群众生活的环境；彰显城市文化，对水系沿线有历史价值的古河道、古桥、古树及两岸古厝予以完整保护，守好内河文化。

目录

第一章

依水之城

第一节　自然地理

一、山水格局

福州位于欧亚大陆东南边缘，东临太平洋，地处中国东南沿海、福建省中东部的闽江口，居于亚太经济圈中国东南的黄金海岸，是东南沿海的重要都市，也是海峡西岸经济区政治、经济、文化、科研以及现代金融服务业中心。城市群山环抱、水网密集，自然生态环境十分优越，加之历史悠久、源远流长，人文底蕴十分深厚，一直以来被称作"有福之州"。

山之仙气，水之灵气，城之秀气，铸就人之福气。福州市依山傍海，素有"环山、沃野、襟江、吻海"之美誉。鹫峰、戴云两山脉斜切市域南北，闽江横贯市区东流入海，自西向东地形渐次下降，地貌类型由中山、低山、丘陵逐步过渡到台地、平原，直至于海。城区地貌属于典型的河口盆地，盆地四周被群山峻岭环抱，其海拔多在600～1000m，东有鼓山、西有旗山、南有五虎山、北有莲花峰。盆地内为丘陵性平原，分布有高度20～230m不等的大量孤山、残丘。因此，福州城中自古流传着"三山藏、三山现、三山看不见"的民间谚语。放眼整个平原，山丘更是星罗棋布，金鸡山、金牛山、高盖山、清凉山、城门山等傲然矗立、雄浑峻伟。

同时，福州盆地从外缘到盆心作层状分布，西北高、东南低，闽江自西北向东南流入盆地后受阻于南台岛，分为南北两港，南港称为乌龙江，北港称为闽江（旧称白龙江），江面宽阔，斜贯中部，大樟溪、尚干溪、营前溪、新店溪分别自南、北注入闽江，构成稠密水网。目前，建成区内共有107条主河和49条支流，总长度超过295km，汇水面积约300km^2，分属白马河、晋安河、磨洋河、光明港、新店片区、南台岛六大水系，是国内水网平均密度最大的城市之一，河汊纵横、湖塘相连，颇具江南水城神韵。

福州以"城在山中，山在城中"和"城绕青山市绕河"而被称为我国山水城市的典范。吴良镛教授认为福州城"建筑结合自然条件的空间布局，堪称绝妙的城市设计创造"，将其誉为"东方城市设计佳例"之一。

福州城市形态的演替来源于福州古湾的自然成陆过程以及对古湾沼泽湿地的人工干预：从汉冶城、晋子城、唐罗城、梁夹城、宋外城到明清城，福州通过定位、朝向和水口经营，完美地整合了城市与山水自然系统。开放而富有弹性的水系统使得位于低平地势的福州城市得以平衡水体自净、城市防洪和港口营建的关系。

二、水文条件

福州市地处闽江下游，闽江在北端淮安分为南北两支，绕过南台岛后又汇合。闽江干流竹岐水文站以上流域面积54500km²，竹岐水文站水文资料如表1-1-1所示：

闽江洪峰流量

表1-1-1

站点	百年一遇（m³/s）	50年一遇（m³/s）	24年一遇（m³/s）	10年一遇（m³/s）
竹岐	35600	32600	29400	25600
南港	27550	25000	23300	19200
北港	8050	7600	7100	6100

潮汐：闽江下游为强潮陆相河口，潮型为规则半日潮，潮汐一天有两个周期，12小时25分一周期，涨潮5小时，落潮7小时25分。潮区界可抵干流侯官，距河口71km，潮流界可达洪山桥。解放桥潮位如表1-1-2所示：

解放桥潮位

表1-1-2

序号	项目	解放桥（m）
1	历史最高潮位	8.78（1998年6月23日）
2	历史最低潮位	1.50
3	最大潮差	4.19
4	最小潮差	0.01
5	平均潮差	1.84
6	常水位	3.95

福州市区闽江北岸地势平坦，高程5~8m，河网众多，纵横交错，北部西区主要为白马河水系，东区主要为晋安河水系、凤坂河水系、浦东河水系和磨洋河水系，最后都汇入光明港，排入闽江北港。

福州市区闽江南岸的南台岛由闽江、乌龙江围成一个独立岛，水系发达，岛内有龙津河、港头河、浦下河、跃进河、阳岐河等主干河道，一旦雨季，地块的排水迅速入河，最终都汇入闽江南港和乌龙江。

福州市区内河除上游北部新店片区内河外，其余均为感潮河段。

第二节　水系变迁

福州古城的演变，也是水系的变迁史。福州，是中国古代山水格局的范例，水系也构成了古城特有的格局。

福州之名始于公元8世纪唐开元时期，因"州西北有福山"而得名，其坐落于福建省东部、闽江下游，背山依江面海，是一座历史文化悠久的城市。自建城以来，福州便与水密不可分，其地理位置三面环山，一面临海，城市内河纵横交错，东西南北交织成网，水网平均密度之大，在全国同类城市中均属罕见。自汉代闽越王无诸筑冶城开始，福州城经历了六次大规模扩建，历经汉冶城、晋子城、唐罗城、梁夹城、宋外城、明府城，每次扩城都有许多原在城壕以外的河流被揽入城中，进而成为内河。

汉代"冶城"是福州最早的城池，当时城内没有内河，冶城之南是一片汪洋。到了晋代，在今屏山附近新建"子城"，城外开始出现护城河——大航桥河。

唐末时期，在子城外环修筑"罗城"，规模扩大至子城的4倍左右，大航桥河变为城内的内河，城外新增护城河——安泰河（图1-2-1）。

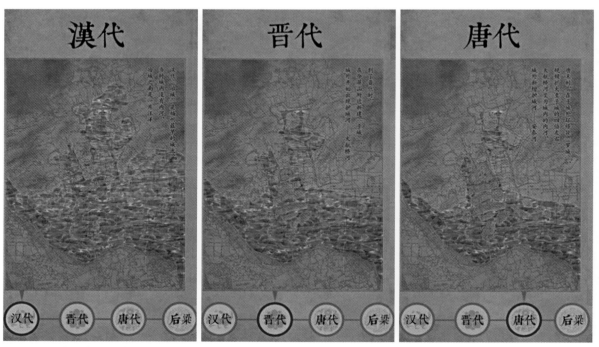

图1-2-1　汉代至唐代福州城变化示意图
（来源：《福州水系综合治理展示馆》）

　　后梁时期，王审知在罗城南北两端加以扩展，把罗城夹在里面，形成"夹城"，乌山、于山被纳入城区，原有的大航桥河、安泰河变成内河，城外新增护城河——东西河。

　　宋朝时期，增筑东南夹城，形成"外城"，城内的大航桥河、安泰河、琼东河、东西河以及城外的晋安河、铜盘河、屏东河，相互连通，网格化的水系格局初步形成。

　　明清时期，福州称作府城，海水基本退至闽江沿岸，福州古城基本格局稳定（图1-2-2）。

　　此外，又随着朝贡、商贸的发展，古城外逐渐形成了河口地区以及上下杭片区的发展态势，这里也是河网纵横，因水而兴，留下了福州内河辉煌的朝贡文化和商贸文化（图1-2-3）。

　　另外，福州内河也引得文人墨客题颂，如清代张绅的《杂忆福州》："城中到处小河沟，垂柳人家夹岸幽。每爱水边凉意满，日斜来上酒家楼。"北宋诗人鲍信客游福州时留下的诗句："两湖潮生海涨天，鱼虾入市不论钱。户无酒禁人争醉，地少霜威花正然。"美好的诗句均表达了福州内河碧波荡漾、鱼虾成群、垂柳倒影、一派生机盎然的景象。

　　人们在河里汲水饮用、浣衣洗涤、灌溉航运、排涝泄洪、捕鱼抓蟹、泅水嬉戏、消防灭

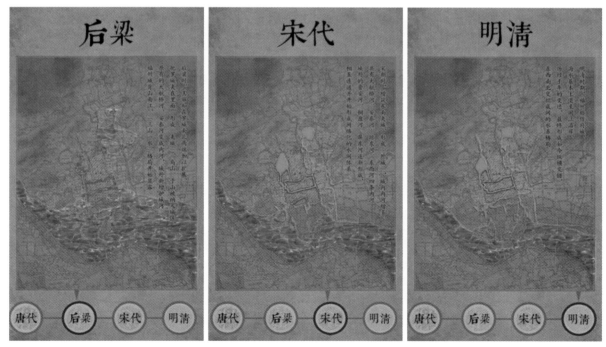

图1-2-2　后梁至明清时期福州城变化示意图
（来源：《福州水系综合治理展示馆》）

图1-2-3　福州古代时期内河河口商贸交易场景图
（来源：《福州水系综合治理展示馆》）

火等，世世代代的福州人与内河有着密不可分的依存关系。

近代开埠之后，福州跨越闽江发展，毗邻闽江的烟台山成为融合中西方文化的重要城区，与江北城区遥相呼应，基本格局维持至20世纪中期。进入20世纪后半期，全球城市化进程加快，尤其是改革开放以后，城市建设进入快车道，城市规模迅速扩大，大量原先郊区的河道、港汊或保留、或改造、或改道，也纷纷成为城市的内河。福州逐步形成了闽江南北两岸六大水系的"百川入城、一江穿郭"基本格局。千百年来，滔滔不绝的闽江水，哺育了一代又一代福州人。福州水巷蜿蜒、碧波荡漾，福州人临水而居、择水而憩，绘就了一幅幅动人、和谐、幸福的生活画卷。

第三节　现代内河水系

经过2000多年的历史发展，福州水系体系主要由水库、湖体、内河构成。

一、内河

福州市（四城区）河道共有156条，其中主河107条，支河49条，河道总长度约295km（图1-3-1）。水面率在2016年整治之前为4.44%，整治后提高到5.23%（不含闽江、乌龙江）。

二、水库

福州市水库主要位于北边的新店片，以八一、过溪、登云、杨廷、斗顶5座水库为代表，控制集雨面积26.4km^2，现状水库功能主要为调蓄、灌溉，兼有养殖、娱乐功能。其中，总库容为：八一水库310万m^3、过溪水库167万m^3、登云水库333万m^3，其余两座数据不详；5座水库的正常库容为：八一水库204万m^3、过溪水库115万m^3、登云水库268万m^3、杨廷水库48万m^3、斗顶水库72万m^3。水库设计标准为20年一遇洪水不下泄。

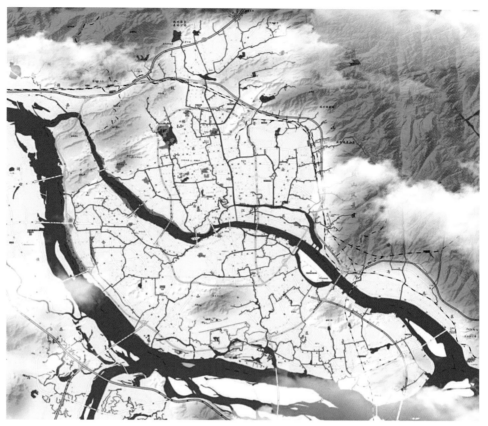

图1-3-1　现代内河水系系统图

三、湖泊

　　福州市已建成的湖体共计7座:

　　(1)左海西湖(西湖始建于晋太康三年(公元282年),左海位于西湖的西侧,后经多次的改建扩建,左海与西湖湖体连通,左海西湖连通工程于2016年2月完成,最终形成湖体面积45hm²,总库容80万m³);

　　(2)琴亭湖(湖体面积19hm²,总库容111万m³,2010年建成);

　　(3)晋安湖(湖体面积40hm²,总库容160万m³,2021年建成);

　　(4)井店湖(湖体面积6.6hm²,总库容26万m³,2019年建成);

　　(5)义井溪湖(湖体面积1.4hm²,总库容4.9万m³,2020年建成);

　　(6)涧田湖(湖体面积3.3hm²,总库容12万m³,2020年建成);

（7）温泉公园湖（湖体面积2.4hm²，总库容7万m³，2019年建成）；

另有位于三江口片区的南湖还未建设，湖体面积10.4hm²，总库容38.4万m³。

第四节　福州内河特点

福州内河因独特的地理特点，具有多样性（表1-4-1），根据地形地势，可以分为山地急流型、平原水乡型、河口感潮型；根据区域位置，可以分为中心城区型、城郊结合型、乡村古朴型；同时，由于福州历史底蕴丰厚，生态条件得天独厚，因此福州内河的历史文化同样悠久且氛围浓厚，自然生态条件突出。按竖向划分，可以分为山地河流、平原河流；按功能划分，可以分为行洪河流、景观河流、一般河流；按区域划分，可以分为城郊型河流、城区型河流；按文化底蕴划分，可以分为历史文化河流、现代都市河流、生态郊野河流。

福州市中心城区内河基本情况表　　　　　　　　　　　　　　表1-4-1

片区	所属行政区域	序号	河道名称	河长（m）	河宽（m）	河道基本情况	按竖向划分		按功能划分			按区域划分		按文化底蕴划分		
							山地河流	平原河流	行洪河流	景观河流	一般河流	城郊型河流	城区型河流	历史文化河流	现代都市河流	生态郊野河流
片区1	晋安区	1	义井溪	2900	12～22	起点位于过溪水库溢洪道，终点汇入湖前河	√		√			√				√
		2	赤星溪	1010	5～7	起点位于西庄路，终点汇入义井溪湖	√		√			√				√
		3	新店溪	2972	25	起点位于八一水库，终点汇入琴亭湖	√		√			√			√	√
		4	马沙溪	2314	8～12	起点位于斗顶水库，终点汇入解放溪	√		√	√		√				√
		5	厦坊溪	4126	5～13	起点位于象峰地铁车辆段，终点汇入解放溪	√		√			√				√
		6	解放溪	6114	16	起点位于秀山，终点汇入琴亭湖	√		√	√		√				√
		7	汤斜溪	3000	10	起点位于磨里水库，终点汇入解放溪	√		√			√				√
		8	汤斜支溪	1500	5～10	起点位于西岭，终点汇入汤斜溪	√		√			√				√
		9	崇福寺溪	2090	5～10	起点位于崇福寺，终点汇入解放溪	√		√			√				√

续表

片区	所属行政区域	序号	河道名称	河长(m)	河宽(m)	河道基本情况	山地河流	平原河流	行洪河流	景观河流	一般河流	城郊型河流	城区型河流	历史文化河流	现代都市河流	生态郊野河流
片区1	晋安区	10	园后溪	2800	8~20	起点位于园后村，终点汇入崇福寺溪	√		√			√				√
		11	杨廷溪	2564	7	起点位于杨廷水库，终点汇入解放溪	√		√			√				√
		12	桂后溪	4011	6~15.8	起点位于涧田湖，终点汇入洋下河	√		√			√				√
		合计		35401												
片区2	鼓楼区	1	梅峰河	660	5~10	起点位于左海公交站，终点汇入左海	√		√				√	√		
		2	铜盘河	2308	4.5~15	起点位于五凤山林则徐墓，终点汇入左海	√		√				√	√		
		3	屏西河	1000	8~17	起点位于五凤山名居小区附近，终点汇入西湖	√		√				√	√		
		4	芳沁园河	406	5.5~13	起点位于左海龙舟文化园边上，终点汇入西湖省博物馆门口		√			√		√	√		
		5	白马河	4956	14~28	起点位于西湖，终点汇入闽江		√	√	√			√	√		
		6	陆庄河	1020	10~12	起点位于白马河，终点汇入新西河		√			√		√	√		
		7	新西河	3500	12	起点位于闽江，终点汇入白马河		√			√		√		√	
		8	大庆河	2940	8~12	起点位于新西河，终点汇入白马河		√			√		√		√	
		9	文藻河	330	8~10	起点位于福建省社会保障大厦旁，终点汇入安泰河		√			√		√	√		
		10	安泰河	2560	5~9	起点位于白马河，终点汇入琼东河		√		√			√	√		
		11	东西河	2210	6~20	起点位于白马河，终点汇入琼东河		√			√		√			√
		12	茶亭河	2000	12	起点位于东西河，终点汇入白马河		√			√		√	√		
		13	新透河	488	7~10	白马河的一条支流		√			√		√	√		
		14	济南河	350	6	白马河的一条支流		√			√		√	√		
		合计		24728												

续表

片区	所属行政区域	序号	河道名称	河长（m）	河宽（m）	河道基本情况	按竖向划分		按功能划分			按区域划分		按文化底蕴划分		
							山地河流	平原河流	行洪河流	景观河流	一般河流	城郊型河流	城区型河流	历史文化河流	现代都市河流	生态郊野河流
片区3	晋安区	1	湖前河	2450	11.5	起点位于国棉厂，终点汇入晋安河		√	√				√		√	
		2	龙峰河	734	11~12.5	起点位于湖前河，终点汇入树兜河		√			√		√		√	
		3	树兜河	1567	10~12	起点位于湖前河，终点汇入五四河		√			√		√		√	
		4	旧树兜河	920	12	起点位于树兜河，终点汇入晋安河		√			√		√		√	
		5	华林河	450	12	起点位于中国银行宿舍，终点汇入旧树兜河		√			√		√		√	
		6	屏东河	1225	12	起点位于龙峰河，终点汇入五四河		√			√		√		√	
		7	五四河	1264	10~12	起点位于屏东河，终点汇入晋安河		√			√		√		√	
		8	琼东河	4750	20~26	起点位于五四河，终点汇入晋安河		√		√			√		√	
		9	泮洋河	720	6~8	起点位于左海龙舟文化园附近，终点汇入西湖省博物馆门口		√			√		√		√	
		10	晋安河	6705	26~56	起点位于琴亭湖，终点汇入光明港		√	√	√			√		√	
		11	琴亭河	569	7.5	起点位于东浦路，终点汇入晋安河		√	√				√		√	
		12	茶园河	919	5.5~14.5	起点位于东浦支路，终点汇入晋安河		√	√				√		√	
		13	洋下河	1650	12	起点位于桂后溪，终点汇入晋安河		√					√		√	
		14	凤坂河	5210	19~35	起点位于晋安河，终点汇入光明港		√	√	√			√		√	
		15	连潘河	2400	19	起点位于连潘泵站，终点汇入光明港		√			√		√		√	
		16	东郊河	1020	6~12	起点位于三角池暗涵，终点汇入凤坂河		√	√				√		√	
		17	登云溪	1795	20	起点位于登云水库，终点汇入化工河	√		√	√		√				√
		18	化工河	2740	9~32	起点位于登云溪，终点汇入凤坂河		√	√				√		√	
		19	竹屿河	500	10	起点位于化工路暗涵，终点汇入凤坂河		√			√		√		√	
		20	凤坂一支河	4875	30~35	起点位于北峰，终点汇入凤坂河	√		√	√			√			√
		合计		42463												

续表

片区	所属行政区域	序号	河道名称	河长（m）	河宽（m）	河道基本情况	按竖向划分		按功能划分			按区域划分		按文化底蕴划分		
							山地河流	平原河流	行洪河流	景观河流	一般河流	城郊型河流	城区型河流	历史文化河流	现代都市河流	生态郊野河流
片区4	晋安区	1	陈厝河	1150	12	起点位于浦东河，终点汇入凤坂河		√			√		√		√	
		2	浦东河	3900	20	起点位于化工路暗涵，终点汇入光明港			√	√			√		√	
		3	福兴河	666	16	起点位于埠兴村，终点汇入浦东河		√			√		√		√	
		4	新厝河	701	18	起点位于红星年检站，终点汇入浦东河		√			√		√		√	
		5	淌洋河	1895	14	起点位于春天小区，终点汇入浦东河		√			√		√		√	
		6	磨洋河	6542	25～28	起点位于牛蹄溪，终点汇入光明港	√		√	√			√			√
		7	牛蹄溪	1186	10	起点位于鼓山，终点汇入磨洋河	√		√			√				√
		8	和尚溪	631	15	起点位于鼓山，终点汇入磨洋河	√		√			√				√
		9	樟林溪	1135	12	起点位于鼓山，终点汇入磨洋河	√		√			√				√
		10	远洋溪	1030	12	起点位于鼓山，终点汇入磨洋河	√		√			√				√
		11	鼓山溪	1241	16	起点位于鼓山，终点汇入磨洋河	√		√			√				√
	合计			20077												
片区5	台江区	1	打铁港	1420	15～33	起点位于琼东河，终点汇入新港河		√		√			√	√		
		2	瀛洲河	1140	12～22	起点位于新港河，终点汇入闽江		√			√		√	√		
		3	达道河	2460	9～22	起点位于打铁港，终点汇入闽江		√			√		√	√		
		4	三捷河	1014	7.5～14	起点位于达道河，终点汇入闽江		√		√			√	√		
		5	红星河	400	8～11	起点位于光明港二支河，终点汇入光明港		√			√		√		√	
		6	光明港一支河	900	21～55	起点位于红星河，终点汇入光明港		√			√		√		√	
		7	光明港二支河	3163	25～40	起点位于光明港，终点汇入闽江		√		√			√		√	
		8	光明港	6790	33～330	起点位于六一路，终点汇入九孔闸		√	√	√			√	√		
		9	洋里溪	2230	8～10	起点位于鼓山，终点汇入光明港	√		√			√				√
	合计			19517												

续表

片区	所属行政区域	序号	河道名称	河长（m）	河宽（m）	河道基本情况	山地河流	平原河流	行洪河流	景观河流	一般河流	城郊型河流	城区型河流	历史文化河流	现代都市河流	生态郊野河流
片区6	仓山区	1	洪阵河	2100	10~12	起点位于洪湾河，终点汇入阵坂泵站		√	√				√	√		
		2	红旗浦河	3700	10~16	起点位于洪湾河，终点汇入闽江		√			√		√	√		
		3	洪湾河（流花溪）	10276	15~131	起点位于洪塘泵站，终点汇入闽江		√	√	√			√	√		
		4	横江渡河	2679	12~16	起点位于金祥路，终点汇入凤岗路		√			√		√	√		
		5	洋洽河	6060	15~35	起点位于金祥路，终点汇入洋洽排涝站		√	√				√	√		
		6	浦上河	3472	18~20	起点位于洋洽河，终点汇入橘园洲泵站		√					√	√		
		7	金港河	1920	20	起点位于洋洽河，终点汇入台屿河		√		√			√	√		
		8	飞凤河	1700	18	起点位于浦上河，终点汇入台屿河		√					√	√		
		9	台屿河	6135	20~30	起点位于洋洽河，终点汇入洪湾河		√					√	√		
		10	东岭河	690	20~23	起点位于台屿河，终点汇入阳岐水闸		√	√				√	√		
		合计		38732												
片区7	仓山区	1	阳岐河	4450	20~50	起点位于跃进河，终点汇入阳岐泵闸		√	√				√	√		
		2	龙津河	4500	13~20	起点位于跃进河警察学校，终点汇入闽江北港江边水闸		√	√				√	√		
		3	龙津一支河	1140	10~15	起点位于龙津河，终点汇入港头河		√			√		√	√		
		4	港头河	1610	25~35	起点位于闽江胜利水闸，终点汇入闽江菖蒲水闸		√	√				√	√		
		5	龙津跃进联通河	1000	30	起点位于龙津河，终点汇入鼓山大桥		√			√		√	√		
		6	跃进河	5980	15~30	起点位于阳岐河，终点汇入龙津跃进连通河		√		√			√	√		
		7	半洋亭河	885	10	起点位于龙津河，终点汇入鼓山大桥		√			√		√	√		
		8	白湖亭河	5300	30~45	起点位于跃进河，终点汇入义序河螺城段		√		√			√	√	√	

续表

片区	所属行政区域	序号	河道名称	河长（m）	河宽（m）	河道基本情况	按竖向划分		按功能划分			按区域划分		按文化底蕴划分		
							山地河流	平原河流	行洪河流	景观河流	一般河流	城郊型河流	城区型河流	历史文化河流	现代都市河流	生态郊野河流
片区7	仓山区	9	马洲河	2970	40～66	起点位于阳岐河下岐村入口，终点汇入乌龙江		√	√	√			√		√	
		10	马洲支河	680	28～30	起点位于义序路，终点汇入马洲河		√			√		√		√	
		11	竹榄河	1420	20	起点位于福州二十一中西侧，终点汇入义序河		√			√		√		√	
		12	吴山河	1960	20～30	起点位于义序路，终点汇入义序河		√			√		√		√	
		13	义序河	2930	26～35	起点位于环岛路北侧，终点汇入义序排涝站		√	√				√			√
		14	浦下河	3500	60～234	起点位于鼓山大桥东侧，终点汇入喜来登酒店东侧		√		√			√		√	
		15	牛浦河	1460	15	起点位于屿宅村，终点汇入浦下河		√			√		√		√	
		16	潘墩河	4280	18～30	起点位于则徐大道，终点汇入浦下河		√		√			√		√	
		17	林浦河	2160	15	起点位于连坂污水处理厂，终点汇入浦下河		√		√			√	√		
		18	连坂河	1750	16	起点位于黄山驾校外围墙，终点汇入潘墩河		√					√		√	
		19	螺城河	3500	25	起点位于三环快速路，终点汇入螺洲河		√					√		√	
		20	螺洲河	3810	25	起点位于白湖亭河，终点汇入闽江		√	√				√	√		
		21	胪雷河	5550	16～32	起点位于湖际村南湖，终点汇入乌龙江		√		√			√		√	
		22	永南河	1296	10	起点位于永南路，终点汇入胪雷河		√			√		√		√	
		23	城门溪	12	12	起点位于城门水库，终点汇入胪雷河	√		√				√		√	
		24	胪雷支河	1325	8	起点位于福峡路，终点汇入胪雷河		√					√		√	
		25	石边河	1100	20	起点位于福峡路，终点汇入乌龙江		√					√		√	
		26	浚边河	1100	20	起点位于高铁线路，终点汇入乌龙江		√					√		√	
		合计		65668												

续表

片区	所属行政区域	序号	河道名称	河长（m）	河宽（m）	河道基本情况	按竖向划分		按功能划分			按区域划分		按文化底蕴划分		
							山地河流	平原河流	行洪河流	景观河流	一般河流	城郊型河流	城区型河流	历史文化河流	现代都市河流	生态郊野河流
片区8	仓山区	1	燕浦河	2500	10~15	起点位于胪雷河，终点汇入闽江（江北东大道）		√	√				√		√	
		2	梁厝河	1050	50	起点位于福厦高速连接线，终点汇入闽江		√	√	√			√	√		
		3	马杭洲河	3060	40~160	起点位于梁厝河，终点汇入闽江		√	√	√			√	√		
		4	下洋河	709	6	下洋河设计起点为福泉高速箱涵，过岐阳三路，向东汇入马杭洲河		√			√		√	√		
		5	清凉河	336	10	起于三江路，终于清富河	√				√		√		√	
		6	清富河	3720	15	起点位于清凉山山底（南江滨东大道），终点汇入马杭洲河	√				√		√		√	
		7	三江河	494	15	起于南江滨东大道，终于清富河		√			√		√		√	
		合计		11869												
片区9	马尾区	1	林浦渠	3439	10~40	起点与磨溪相接，终点汇入闽江	√			√		√				√
		2	魁岐河	1412	20~40	起点位于鼓山山脉，终点汇入闽江	√			√		√				√
		3	龙门溪	875	8	起点位于鼓山山脉，终点汇入林浦渠	√			√		√				√
		4	磨溪	2560	20	起点位于鼓山山脉，从北向南，依次经机场高速、福马路，终点汇入闽江	√			√	√	√				√
		5	马鞍溪	2502	12~15	起点位于仙芝路，经仁安路汇入闽江	√			√		√				√
		6	西西溪	352	6~10	马鞍溪的支流之一	√				√	√				√
		7	下德溪	525	6~8	马鞍溪的支流之一	√				√	√				√
		8	安民溪	1083	6~8	马鞍溪的支流之一	√				√	√				√
		合计		12748												

第二章

水城忧患

　　随着城市化进程加快，城区面积不断扩大，内河、水塘被挤占，水面率大幅降低；再加上雨污管网不配套、不完善，在极端天气下，全国大部分城市都面临着城市内涝和河道黑臭的双重压力，福州市因为独特的山水特殊性，内涝和黑臭的问题尤其突出。

第一节　内涝频发

　　近年来极端天气频发，城市内涝风险加大。据统计，2005～2016年，登陆我国对福建省有严重影响的台风合计46个，严重影响福州地区的有24个，每个台风都造成福州城区不同程度的内涝。2005年以来发生较大范围的内涝有7次，分别为：2005年"龙王"台风，2006年"碧利斯"台风，2014年"麦德姆"台风，2015年"苏迪罗"台风，2016年暴雨及"莫兰蒂"台风、"鲇鱼"台风等。大范围内涝的片区集中在晋安河中上游地区，主要是由于晋安河河水倒灌或漫溢引起的。同时，福州内河受闽江潮水和山洪的影响，一旦暴雨遇到闽江高潮位时，再加上山洪夹击，福州城区积水严重，十分影响老百姓的正常生活和出行（图2-1-1）。

图2-1-1　福州城区内涝现场

第二节　内河黑臭

　　2016年之前，在福州新一轮水系综合整治工程启动之前，福州市107条主干河中，有42条黑臭河道被列入生态环境部的监管平台（图2-2-1）。内河黑臭的主要原因是城区第

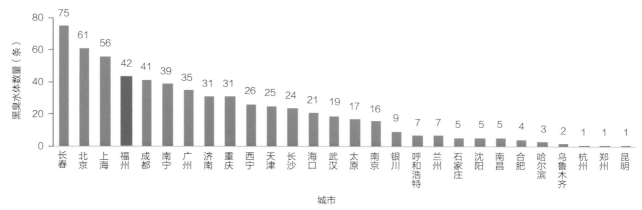

图2-2-1　全国部分城市黑臭水体统计图

图2-2-2　部分河道黑臭（阳岐河）

图2-2-3　部分河道黑臭（流花溪）

二、第三产业污水违法偷排、超排，生活区雨污分流不彻底、雨污水管网系统不完善、河道底泥清淤不到位、生态补水不均衡、部分水系不连通等（图2-2-2、图2-2-3）。

第三节　沿河景观脏乱

沿河棚屋区、城中村存量仍较大，福州城区沿河存在不同程度的违章建设，挤占河道断面和生态空间。此外，沿河居民随意倾倒垃圾、破坏绿化的现象时有发生，沿河人居环境有待提升（图2-3-1）。

图2-3-1　部分河道沿河环境脏乱差

第三章

理念探索

　　福州作为一个水系发达、类型多样、问题典型的城市，直面各种挑战。探索福州的内河治理技术的理念和方法，历届市委、市政府都非常重视。20世纪90年代～21世纪初，福州内河治理按照"全党动员、全民动手、条块结合、齐抓共治"的治理方针，组织建设文山里补水泵站和大腹山引水通道，亲自指导西湖综合整治，晋安河清淤，新西河、湖前河补水通道，祥坂污水处理厂，沿江堤防，排涝闸站等工程。

　　2010年以来，福州市持续抓好水生态环境建设，打出一套治水排涝"组合拳"，内涝治理、黑臭治理、污染源治理、内河沿岸景观建设、水系联排联调等同步实施、环环相扣，致力于实现城市水环境的长治久安。

　　"十二五"时期，福州市以"水清、河畅、路通、景美"为目标，综合采用驳岸整修、截污、清淤、景观建设等措施开展内河综合整治工作。城区32条内河完成阶段性整治，白马河、晋安河两条主干河道以及鼓楼中心区主要补水通道水质指标达到地表Ⅴ、Ⅳ类水质标准。近年来，虽然取得了初步成效，但仍然存在内涝频发、内河黑臭、部分沿河环境脏乱差等问题。

　　"十三五"时期，国家全面开展海绵城市建设、城市黑臭水体治理、城市双修等一系列涉及城市水系的试点工作，各地也都在探索自己的治水经验。

　　2016年，福州市成功入选国家第二批海绵城市建设试点城市；2017年，福州市成功入选国家第二批生态修复城市修补试点城市；2017年，福州市探索建立水系联排联调机制，成立了福州市城区水系联排联调中心，整合了水利、住建、城管等涉水部门，解决了"谁去干、谁监督、谁裁判"的问题；2018年，福州市成功入选国家第一批城市黑臭水体治理示范城市；2021年，福州市水系智慧调度项目获得世界智慧城市能源和环境大奖。

　　以上围绕着水系治理、水环境治理所取得的成绩，离不开历届市委、市政府的科学谋划和创新理念。2016年，福州市开展的一系列水系综合治理，确立和实践了以下几个治理理念：系统治理的理念、综合分析的理念、生态治理的理念、治本的理念、质量第一的理念。

第一节　系统治理的理念

　　系统治理就是把城市内涝治理、污染源治理、水系周边环境治理、水系智慧管理和黑臭水体治理五件事一起考虑，同步实施，环环相扣（图3-1-1）。

图3-1-1　福州市水系系统治理过程

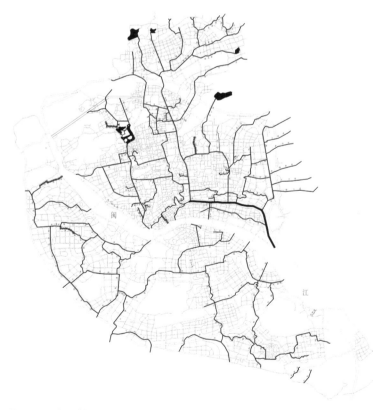

图3-2-1　福州城区水系布局示意图

第二节　综合分析的理念

　　综合考虑了福州整个城区的山川水系、风土人情、地形地貌、风情雨情水情，水系的布局、流向、流量、密度、标高以及上下游、左右岸、地上地下之间的关系，把这些因素综合起来考虑，提出了一个整体的解决办法（图3-2-1）。

图3-3-1　生态治理过后的环境

图3-4-1　治本行动

图3-5-1　质量第一的工程质量监督

第三节　生态治理的理念

生态治理就是尊重自然、顺应自然，福州市提出了"九个有"的生态治理要求：有自然弯曲的河岸线；有深潭、浅滩、泛洪漫滩；有天然的砂石、水草、江心洲（岛）；有常年流动的水，水质达到水功能区保护标准；有丰富的水生动植物，具备生物多样性；有安全、生态的防洪设施并达到相应的防洪标准；有乡愁、野趣；有会"呼吸"的生态驳岸；有划定岸线蓝线、落实河长制、推行河道管养制度等管理措施（图3-3-1）。

第四节　治本的理念

内涝治理、黑臭水体治理难，就难在治本。内涝治理方面，福州市抓住规划先行，河道按照规划蓝线执行，蓝线范围内的违章搭盖及房子全部拆除，满足行洪安全；黑臭治理方面，福州市抓住控源截污的关键点，坚决把水系周边的房子拆除，把沿河截污管全线下埋，补齐排水管网短板，增加污水处理厂处理规模，确保污水截得住、送得走、处理得了（图3-4-1）。

第五节　质量第一的理念

水系治理绝大部分是地下工程，福州市组建了150人的工程质量监督组，24小时盯在一线，所有的地下工程必须有完整的影像资料才能验收和付费（图3-5-1）。

第六节　顶层设计

在上述一系列理念指导下，形成了福州内河水系治理的顶层设计。

一、黑臭治理与内涝治理相结合

随着城市化进程加快，城区面积不断扩大，内河、水塘被挤占，水面率大幅降低；雨污管网不配套、不完善。在极端天气下，城市内涝风险加大，易涝点增多；沿河两侧污水混流直排内河，部分河道水体黑臭，沿河景观较差。因此，本次以河道水系治理为抓手，黑臭治理与内涝治理相结合，同步解决水体黑臭和城市内涝问题。

二、水系治理与管网完善相结合

坚持黑臭水体"症状在水中、根源在岸上、核心是管网"的理念，摒弃了以往"就河治河"的观念，把治水的视线从河道本身延伸到了整个流域，延伸到了岸上的地下管网，对全市156条主、支河进行全流域治理的同时，同步实施了地下管网修复改造、老旧小区雨污分流、城中村连片旧改、沿街沿河污染源治理等工作，并久久为功，加以推进。三年多来，不仅所有河道焕发新生，还同步新建沿河截污管网260km，修复城市地下雨污水管网2500km，整治完成了3165个沿河污染源，关停了132家小、散、乱、污企业，消灭了4023个污水直排口。

三、水质改善与环境提升相结合

结合水系治理工作，下定决心开展沿河旧屋区改造，坚决把原来占压驳岸的房屋拆除，并不断向周边片区延伸，集中三年时间，改造106片城中村旧屋区，超过2500万m^2，惠及6万户居民；拆迁形成的滨河空间打造成了379个沿河串珠公园、超过200hm^2绿地和680km滨河绿道；同步实施了415个老旧小区综合改造，在雨污分流改造的同时，完善了小区停车、绿化等配套设施，改善了10.45万户居民的生活环境。

四、滨河整治与文化传承相结合

在水系治理、旧屋区拆除改造的过程中，对具有历史价值的古河道、古驳岸、古桥、古树，以及沿河两岸的古厝都予以完整保护，针对如南公园、上下杭等历史建筑较为集中的区域还专门制定规划，按照历史街区形制加以修复，力争恢复原有的历史风貌。

五、城市更新与生态保护相结合

坚持生态思想，摒弃了以往为了更多城市开发用地"裁弯取直""三面光"渠化河道的做法，所有新建河道着力保持自然弯曲的河道岸线，并打造"藏得住鱼虾、长得出水草"的生态驳岸。不仅如此，福州市还积极践行海绵城市建设理念，拿出了大量宝贵的开发用地，新建、扩建了6个蓄滞湖体、3个海绵公园和1个大型调蓄池，大幅提升了城市应对暴雨等自然灾害的能力。

第四章

治理措施

第一节　内涝综合治理

福州依山傍水，构成了福州市独特的地形地貌，又加上山洪江洪及潮汐的影响，以及城市高强度开发，一旦大雨，逢雨必涝。

一、存在的问题

随着历史的变迁，城市化进程加快，使得福州城区内河发生巨大变化，面临着巨大的挑战和危机。时至今日，内河水系出现河道淤塞、涝水排泄不畅、涝灾频发等问题。这些问题，有自然因素、人类活动影响因素，也有工程措施与管理因素。

1. 自然因素方面

（1）城市地貌的影响。福州地处闽江下游，属于典型的河口盆地，三面环山，一面临江。位于盆地内的福州城区，形成了类似"聚雨盆"的形状，低洼地带极易内涝受灾。

（2）闽江洪潮水的影响。闽江流经福州全境，且汛期明显，洪峰集中，年平均径流量大。只要流域上游大范围3天平均降雨250～300mm，闽江就会发洪水。此外，福州地处海河交汇的河口地带，经常遭遇洪、涝、潮"三碰头"，台风增水影响，闽江持续高水位，涝水排出难。

（3）福州气候的影响。年均降雨量大，1951～2015年，年均降雨量约1394mm。短时强降雨发生频繁且降雨量大，如2016年9月11日18时，中心城区3小时集中降雨超过140mm，相当于3小时下了一年十分之一的雨。特别是夏、秋季节，福州台风多发，台风带来的强降雨对城市内涝的影响很大。

2. 人类影响因素方面

（1）城市建设影响。福州主城共有156条内河，分属白马河、晋安河、磨洋河、光明港、新店片区、南台岛六大水系，总长约295km，水域面积5.31km²，河网密度曾居全国前列。随着房地产开发的兴起，内河及湖、塘、洼、淀等蓄滞水空间不断受到侵蚀，有的大楼甚至直接建在河道上，只在楼内地下室位置留下一个暗涵，城市建设挤占内河、湖泊，水面率大幅降低，内河行洪宽度减少，湖泊蓄滞洪涝能力下降，水体环境容量下降。经测算，福州市四城区在2016年水系整治之前，其水面率仅为4.08%，远低于国家相关规范规定的南方城市推荐值8%～12%。

（2）城市化后下垫面硬化，洪涝水汇流加快，相同量级暴雨形成的洪峰、洪量增大；城市低洼地发展快速，城市下垫面硬化率变大（如树兜片区、温泉公园片区、洋下片区、湖前片区、五四北琴亭片区等），增加了洪涝风险。

3. 工程措施因素方面

从目前福州市内河水系治理所采用的具体工程措施上看，存在不足、建设滞后和不配套等问题。

（1）城市规划建设对排水排涝配套设施考虑不足。现状城区内河原设计是按5年一遇排涝标准（实际低于5年一遇）。根据新的规程要求，其设计标准偏低，不满足省会城市20年一遇排涝标准及有效应对50年一遇暴雨的要求。

（2）城市雨水管网排水标准为1~2年一遇，且城市排水排涝未形成完善的系统工程，尤其是在老旧城区，两者更加难以匹配衔接。

（3）城区内河尚未完全根据已有规划水系要求实施整治，受实际建设各类条件因素制约，一些河段未能按规划宽度、走向整治，存在"水流不通、过水不畅"等问题。

（4）城市排水排涝系统"主动脉、毛细血管"梗阻。晋安河等排涝主通道不能满足过流要求（晋安河过流能力80m³/s（铁路桥）~236m³/s（福马路桥）），造成河水位高涨（两岸片区雨水无法排入内河或内河洪水漫溢上岸），引起大范围内涝；雨水管网排水能力不足，城市雨洪排泄不畅，无法顺利排入内河，造成市区路面和小区漫水，形成涝点（片）。

4. 非工程措施方面

（1）城市建设规划预留城市蓄滞洪及防洪排涝空间不够。

（2）排水排涝系统管理长效管护不到位。

（3）水情监测、预警预报、风险防控措施不足，应急体系建设滞后。

（4）部门间协调防洪排涝联动机制有待加强。

二、治理原则

顺应自然、人水和谐；

安全生态、亲水宜居；

系统规划、因地制宜；

标本兼治、综合治理；

洪涝分治、排蓄并举；

截污控源、动水活水；

政府主导、社会参与；

创新机制、长效管理。

三、治理措施

本次针对内涝治理，福州主要提出以下九大治理措施：高水高排、扩河快排、分流畅排、泵站抽排、水系连通、蓄滞并举、水土保持、科学调度、建章立制。

1. 高水高排

实施江北城区高水高排（即江北城区山洪防治及生态补水工程），将山洪拦蓄后通过隧洞直排闽江，大幅削减进入城区的山洪，实现外水外排；平时引闽江水进入城区，改善内河水质（图4-1-1、图4-1-2）。工程内容主要含2条主洞（总长28.73km，洞径6.0~9.2m）、5个水库、12座截洪坝、13条支洞。其中：

西线：长度7.73km，洞径6.0~7.0m，50年一遇最大排水流量153m³/s。

东线：长度21.0km，洞径4.5~9.0m，50年一遇最大排水流量289m³/s。

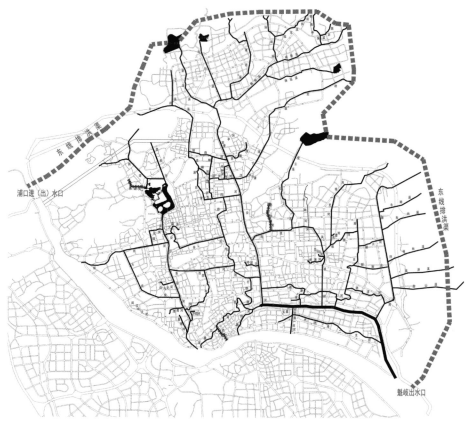

图4-1-1　高水高排隧洞走向示意图

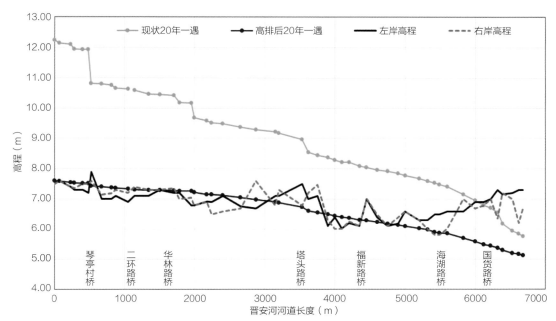

图4-1-2 高水高排建成后城区晋安河（排涝主河）20年一遇水位变化情况图

2. 扩河快排

通过实施晋安河、光明港、光明港一支河等主通道的清淤、清障、挖深、局部卡口拓宽等工程，扩大过水断面，增大过流能力，降低内涝涝水位，减少淹没范围、缩短超标涝水淹没时间。近期重点项目为晋安河清障、清抛石、挖深、驳岸固脚，使晋安河（高水高排投用后）过流能力提升到约10年一遇（图4-1-3）。

图4-1-3 晋安河阻水段整治前后对比

3. 分流畅排

通过对江北城区晋安河流域上游较大支流及末端河道的洪涝水分流，缓解上游五四片区、火车站南、北广场及洋下片区的内涝，分担晋安河排涝流量（80m³/s），加速晋安河涝水排入闽江（图4-1-4）。

4. 泵站抽排

对现有老旧排涝站进行技术改造或扩容（江北城区3座，南台岛3座），对排涝能力不足的区域进行排涝泵站新建（江北城区1座，南台岛5座）。提升沿江泵站强排能力（364m³/s），至2020年，达667.8m³/s（图4-1-5）。

图4-1-4　晋安河直排闽江通道示意图

图4-1-5　沿江泵站改造现场（魁岐二站）

图4-1-6　未连通河道
及盲肠河位置示意图

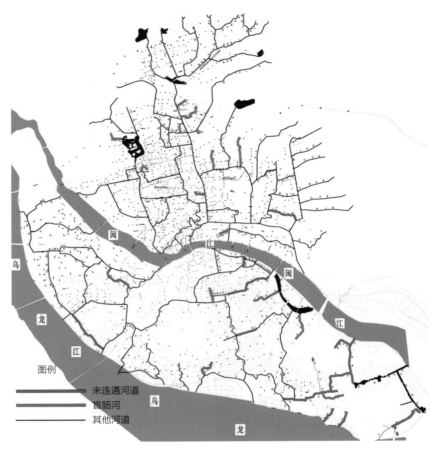

图例

━━━━━━　未连通河道

━━━━━━　盲肠河

───────　其他河道

5. 水系连通

通过水系连通，打通断头河，提升排涝能力，加快水体流动（图4-1-6）。

6. 蓄滞并举

采用海绵城市建设理念，建设5个湖体、3个滞洪海绵公园、2个调蓄池（表4-1-1）。

福州市新建五湖三园两池基本情况　　　　　　　　表4-1-1

序号	工程名称	功能定位	湖体面积（hm²）	有效规模（m³）	位置
1	斗顶雨洪公园	调蓄错峰	—	11000	斗顶水库
2	八一雨洪公园	调蓄错峰	—	6000	八一水库
3	洋下海绵公园	增加水面	0.6	16000	洋下新村

序号	工程名称	功能定位	湖体面积（hm²）	有效规模（m³）	位置
4	小桂湖（井店湖）	调蓄错峰	6.6	260000	井店村
5	涧田湖（桂后溪湖）	调蓄错峰	3.3	120000	涧田村
6	义井溪湖	调蓄错峰	1.4	49000	义井溪靠近三环
7	温泉公园湖	滞洪	2.4	70000	温泉公园
8	晋安湖	调蓄错峰	40	1600000	鹤林公园附近
9	斗门调蓄池	调蓄错峰	1.4	160000	斗门停车场
10	省体育学院调蓄池	调蓄错峰	1	160000	省体育学院

7. 水土保持

通过城区下垫面改造，控制土地开发利用，严禁违法无序开发，强化北部山地的水土保持、植被恢复，从源头上控制、削减、滞缓暴雨洪水。

8. 科学调度

组建水系统一调控机构，建立暴雨洪涝水及灾害监测预警系统，绘制内涝风险图和防汛指挥图，打造城市智慧排涝防涝，通过水系统一调控，实现城区湖、库、闸、站、河联调联排，充分发挥截、蓄、排、分各工程效益，提高排涝调度水平。

9. 建章立制

进一步完善城市规划控制、排水排涝工程设施管理、内河管理、清淤管理、易涝点责任制、河长制等，提高维护管理水平。

第二节　黑臭水体治理

一、沿河截污

1. 沿河岸建设自成系统的截污调蓄设施，截住混流污水及初期雨水，杜绝外源污染。

2. 按流域分片区建设分散式污水处理设施，就地处理，达标尾水就近回补内河。

3. 改造既有沿河排水口，增加闸阀等控制设施，防止污水入河，避免河水倒灌。

二、内河清淤

采用现代化河道清淤技术，从排涝和水环境质量两个方面制定内河清淤标准，定期清淤疏浚，确保河道行洪安全，同时消除底泥内源污染。

三、管网清疏

1. 对历经多次暴雨已出现淤堵的雨水管道进行全面清疏，确保管道通畅。
2. 对所有市政雨、污水管网健康度进行彻底排查，并建档纳入信息化系统管理。
3. 对排查发现破损的雨、污水管网进行系统修复、改造。
4. 继续随路新建污水管网，增加污水收集设施的覆盖面。

四、全面治理污染源

1. 全市污染源基本情况

全市污染源主要包括以下几个方面：

（1）城中村合流污染源；

（2）生活小区合流及混接污染源；

（3）餐饮业、洗车业、医院、工业等企事业乱接污染源；

（4）水系周边工业企业、餐饮业等直排污染源；

（5）初雨产生的面源污染。

2. 产生原因

上述污染源产生主要有以下五个方面的原因：

（1）目前，城中村共计25.67km^2，其中仓山区18.3km^2、晋安区6.8km^2，鼓台区0.57km^2（鼓楼少量零星村庄用地，台江区集中村庄用地主要位于排尾及南公园周边），这部分区域污水基本为散排或合流制。

（2）生活小区，设计上为雨污分流，但周边市政道路由于拆迁的原因未建成，导致道路上雨污水管未建成，小区污水直接接入雨水管，最终进入河道；或者接入化粪池，通过化粪池旁通管入河；或者因业主装修任意改动排水系统，将阳台厨房或洗衣机污水接入雨水立管。

（3）沿街店铺，由于商用性质的变化，餐饮、洗车等商铺的雨污水混接、乱接现象问题突出。

（4）部分水系周边工业企业为躲避环保督察，排污管接至河床底下。

（5）初期雨水对地面的冲刷、露天垃圾经雨水浸泡产生的径流污染产生的面源污染对内河水环境会产生污染。

3. 治理措施

（1）污染源排查工作

各职能部门，各司其职，完成职责范围内的所有污染排查建档工作，具体为：

①市建委牵头，各职能部门配合，四城区政府具体负责，完成城中村、生活小区等排水户污染源排查建档。

②市环保局牵头，四城区政府具体负责，完成餐饮业、洗车业、医院、工业等排水户污染源排查建档；依法查处各排水户超标排放。

③市城管委牵头，四城区政府具体负责，完成大排档、垃圾露天堆放、公厕、垃圾转运站等排水户污染源排查建档。

（2）污染源收集工作

①源头接（截）污

A. 结合老旧小区改造，完成小区内部雨污分流改造；

B. 对无法进行小区内部雨污分流改造的小区，可考虑小区门口源头截流。

②区域围截

对2020年之前，无棚屋区改造计划的棚屋区及城中村，按三种方式进行围截，实现污水全收集。

A. 周边有市政管网的，通过建设管沟围截，截流至市政管网；

B. 周边无市政管网的，通过建设管沟围截，截流进入小型污水处理设施；

C. 污染源点状分散，且周边无市政管网的，新建三格式化粪池处理，定期清掏外运。

③沿河排口改造

结合沿河截污，对沿河排污口精准化改造或截污。

五、全面实施城中村改造

福州市村庄及村办企业、棚屋区及危（老）旧小区为污水直排内河的主要来源，占地约46.36km²。近几年来，福州市结合城市更新、老旧小区改造、连片旧屋区改造、城中村改造等，按照高标准重新布设雨污水管，实现源头雨污分流，共改造更新房屋面积2500万m²。

六、水多水动

流水不腐，户枢不蠹，要确保河道有良好的水质和生态环境，需确保河道晴天有水，且河道水体需要保持一定的生态基流和流速。福州水网密度大，河道总长度长，河道容积大，在确保河道水多水动的情况下，福州市从节约水资源、节约成本、低能耗几个角度，谋划福州市晴天补水，确保晴天内河"水多水动"，具体采用了以下几个措施：

1. 把水引进来。通过沿江调水、纳潮引水、库湖泄水、中水回补等措施，把水引进内河。江北城区每天引入清水545万m³，其中纳潮引水330万m³，沿江调水150万m³，中水回用65万m³。南台岛每天引入清水1155万m³，其中纳潮引水830万m³，沿江调水300万m³，中水回用25万m³。

（1）沿江调水。对现有文山里、新西河、洪塘、浦下、奥体飞凤5座沿江引水泵站进行电气设备、监测体系及自动化改造，全面提升沿江调水效益。投入使用浦下泵站（13m³/s）、阳岐泵站（8m³/s）、义序泵站（8m³/s）3座调水泵站。新建梁厝调水泵站（6m³/s）和螺洲调水泵站（14m³/s）。

（2）纳潮引水。对现有25座沿江水闸进行自动化改造。根据闽江潮汐规律，制定"一闸一策"的纳潮运行规则，实现外江纳潮精准调度。

（3）库湖泄水。对新店斗顶水库、杨廷水库进行除险加固，改造溢洪道与调节闸门，增设腾空库容设施。完善八一、过溪、斗顶、杨廷、登云等水库泄水规则，适时泄水，补充内河。加快高水高排工程建设，加大新店、晋安东区内河远期补水量。

（4）中水回补。对现有的5座集中式污水处理厂进行提标改造，尾水回补内河，每天回补水量80万m³。新建分散式再生水处理站10座（水系治理PPP项目），尾水就近回补内河，每天回补水量10万m³。

2. 把水留下来。改造沿江防洪水闸、设置内河末端景观水闸，留下内河客水。

（1）改造外闸。对鳌峰、东风2座防洪水闸进行技术改造，并增设景观水闸，调控光明港景观水位，留住内河客水。

（2）设置内闸。在江北城区白马河、三捷河、达道河、瀛洲河4条河末端共设置4座景观闸，在南台岛片区阵坂河、红旗浦河、洋洽河、流花溪（周宅、湾边）4条河末端共设置5座景观水闸，实现内河水位控制，留住内河客水。

3. 让水多起来。通过内河区间水量进行分流调配和堰闸壅水，合理分配内河水量，抬高内河水位。

（1）分流调配。对龙峰、铜盘、屏西河等13座分流调控闸进行升级改造，实现自动化控制。结合水系治理PPP项目，新建内河分流泵站12座、设置水量分流闸28座。

（2）堰闸壅水。结合水系治理PPP项目，新建23座水位调控闸，抬高河道景观水位。

（3）低洼防涝。编制城区晴天低洼倒灌风险图。对五四片过洋垱、洋下新村、上海西新村等地势低洼、倒灌风险高区域的排水出口进行改造，防止内河壅高水位倒灌。部分驳岸设置防洪挡水板。增设区域强排泵井。

4. 让水动起来。通过采取群闸调度、水力驱动、动力推流等措施，让内河水动起来。

（1）群闸调度、水力驱动。通过群闸调度对内河水位进行控制，让引进来的水在内河中通过水位差自然流动。

（2）动力推流。对于断头河、水动力仍然不足的内河，设置动力推流设施，以增加内河流速。在东西河、陆庄河、光明港二支河等内河设置4座一体化泵闸，全面实现内河水体动力推流。

5. 让水清起来。通过采取沉淀净化、曝气充氧、生物治理、生态修复、种草养鱼等措施，让内河水体清澈见底。

（1）沉淀净化。针对断头河、盲肠河等枝状支流采取沉砂、净化等方式进一步提升水体透明度。

（2）曝气充氧。针对西湖、左海、安泰河等微动力水体增加曝气充氧等辅助设施、预处理设施，构建内循环体系，让水清起来。

（3）生物治理、生态修复。采用新建放坡式、阶梯式、直立式生态驳岸，恢复生态岸线；在完成沿河截污的前提下，采用生物酶等生物技术，结合硬化河床改造，抑制底泥内源污染，构建水体生态基础和生物链，加速水体自净能力恢复。

（4）种草养鱼。因地制宜，培育适应内河生态环境的水草和鱼类，构建良好的水生态环境。

第三节　排水系统改造与新建

黑臭水体"症状在水中、根源在岸上、核心是管网"。因此，要彻底解决黑臭的问题，还需要解决污（雨）水管网和污水处理厂的问题。

一、污（雨）水管网

1. 基本情况

截至2017年底，福州市城区建成污水管网2408km（其中：市政道路污水管926km，小区污水支管1482km），配套中途污水提升泵站16座（江北11座，江南5座）；建成的市政雨水管约1569km。

2. 存在问题

福州市污水管网目前主要存在短缺、破损、混乱等问题。

（1）短缺：根据《福州市国土空间总体规划（2010—2020）》，四城区总面积276km²。截至2017年底，建成区面积198km²，管网全覆盖；未建成区面积78km²，这些区域含城中村、农田、未开发用地等，受拆迁的影响，这些区域道路还未建成，由于管随路走，道路未形成，管道也未形成，这些区域还需建设的主要管网总长度为258km。

（2）破损：已建成的市政污水管有的使用时间已达三十几年，由于缺乏常态化管养，管道破损、沉降、错位、淤堵现象严重，管道的输送能力大打折扣；根据2013年排查的三八泵站上游区域7265m的市政污水管道，共发现302处主要缺陷。

（3）混乱：福州市市政道路上排水管道设计按雨污分流体制进行，但由于受下游市政道路未建设等影响，会出现上游污水管临时接入雨水管等情况；部分市政污水管，受地铁施工、桥梁施工的影响，出现任意迁改、破损的现象；由于管道工程为地下工程，缺乏严格的监管体系及法律法规，施工单位偷工减料、施工水平未达到专业化施工标准（如管道接口、管材及环刚度等级偷换、检查井砌筑、管道与检查井接口处理等），影响管道的正常运行；2011年启动的内河综合整治工程，部分河道虽然布设了截污管，但受限于内河补水水位过高，因防倒灌设施为鸭嘴阀、拍门，部分河水通过溢流口倒灌进入市政污水管，影响污水处理厂进水水质（福州市污水处理厂进水CODcr浓度平均为141mg/L，远低于设计浓度250mg/L，低于全省平均浓度178mg/L）。

3. 治理措施

（1）管网排查修复：对已建成的约2500km市政排水（雨、污）管道进行全部健康度、雨污分流情况调查，通过排查、建档、修复、改造解决现有管网破损、混接、淤堵等问题。

（2）泵站排查改造：一是雨污水泵站排查，对全市既有雨污水提升泵站无流量计、部分泵站因外部条件限制无法做到低液位运行、部分泵站采用粉碎型格栅运行状况较差、部分泵站自动化控制程度较低、部分泵站运行时间较长已老化5个问题进行排查。二是雨污水泵站改造，在全市既有雨污水提升泵站排查基础上，对排查出的问题进行改造。

（3）新建管网：对管网未覆盖区域，针对性地加快管网建设，近期有棚屋区改造计划的，结合改造计划一并建设；近期没有改造计划的、管随路走的，应加快路网建设；对建成区部分道路上还缺雨污水管网的道路，对缺少雨污水管网的道路，结合道路改造以及雨污水管网专项建设工程统一考虑，加快成片区管网重建、新建和城中村围截污水管网建设工作。

二、污水处理厂

1. 基本情况

截至2017年底，福州市用水量为110万m³/d，污水量约88万m³/d，福州市主城区共计5座污水处理厂，分别为浮村污水处理厂（规模为5万m³/d）、祥坂污水处理厂（规模为8万m³/d）、洋里污水处理厂（规模为60万m³/d）、金山污水处理厂（规模为5万m³/d）、连坂污水处理厂（规模为15万m³/d），现有五座污水处理厂，处理能力为93万m³/d。

2. 存在问题

随着水系综合治理的需求，截流污水需接至污水处理厂，根据水量计算及《福州市城市排水设施建设与管理办法》，浮村污水处理厂、祥坂污水处理厂、金山污水处理厂、连坂污水处理厂处理规模，满足不了污水处理量的需求，需进行扩容。

上述5座污水处理厂中，浮村污水处理厂、连坂污水处理厂出水水质标准为一级A排放标准；洋里污水处理厂、祥坂污水处理厂、金山污水处理厂出水水质标准为一级B排放标准。因此，需对这3座污水处理厂进行提标改造（一级B排放标准提升到一级A排放标准）。

3. 治理措施

（1）产能扩建：扩建浮村污水处理厂、金山污水处理厂、连坂污水处理厂，结合沿河截污系统，建设分散式污水处理设施。

（2）提标改造：对洋里污水处理厂、祥坂污水处理厂、金山污水处理厂进行提标改造，尾水排放标准由一级B排放标准提升至一级A排放标准。

第四节　水系环境整治

水清、河畅了，如何同步做到岸绿景美，提升水系周边环境，让内河更好地造福于民，福州市政府结合河道周边的"绿线"，挖掘福州市内河历史文化，确保"6个不断"。

（1）内河沿线绿道不断：目前内河两侧均能保证有3~6m的绿道空间（这是福州绿道网的主要组成部分），为老百姓创造了很好的步行道和自行车道，适合老百姓锻炼休闲。

（2）内河沿线树木不断：内河沿线结合绿道，每隔5~10m，种植了柏杨、垂柳、黄葛树、银杏、榕树等适合福州本土生长的乔木，起到纳凉、遮阴的作用。

（3）内河沿线路灯不断：内河沿线结合绿道，每隔10~15m，安装了园区路灯，每天18时至次日7时准时亮灯，确保老百姓夜间的步行安全。

（4）内河沿线景观不断：内河沿线结合公共空间，打造了许多小公园，有海绵公园、文化广场、科普公园，让老百姓推窗见绿，出门见园。

（5）内河沿线公共设施不断：内河沿线结合绿道周边的公共空间，设置了公共厕所、垃圾桶、座椅、直饮水、广播等，让老百姓出门变得更方便、更便捷。

（6）内河沿线污水管不断：内河沿线结合绿道，均建设了截污管，确保污水不入河。

一、生态水岸

本次基于福州城区内河综合整治，设定了4种对现有驳岸进行整治的标准形态（自然缓坡型、生态砌块型、半缓坡型、直立型）。统筹考虑了水系和绿化空间，优化了河道平面和断面竖向布置。既保证了安全的沿河标高和河底清淤需求，又考虑到了常水位与洪涝水位之间的生态水岸特征。

（1）当岸上绿地有足够宽度，能满足到常水位的放坡高度宽度比大于1：3时，采用自然缓坡型驳岸，如晋安河、梅峰河、流花溪等建成了自然缓坡型驳岸，驳岸上花草、乔木、灌木和景石相搭配，利用灌木起到安全防护的作用（图4-4-1）。

（2）当岸上绿地有相当宽度，能满足到常水位标高的放坡高度宽度比在1：3~1：2时，采用生态砌块型驳岸，如台屿河、浦上河等采用了生态砌块型驳岸，在临近水面的位置，采用生态砌块并种上了水生植物，用隐形钢丝网进行防护（图4-4-2）。

（3）当扣除步道，岸上绿地宽度不少于3m时，采用半缓坡型驳岸，由缓坡过渡到垂直挡墙（图4-4-3）。

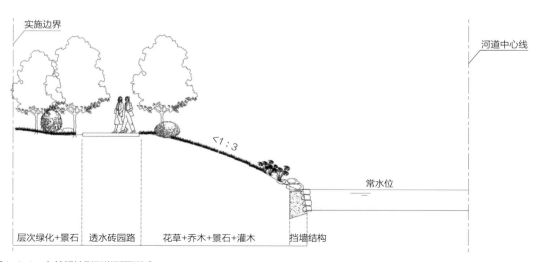

图4-4-1　自然缓坡型驳岸断面形式

（4）岸上绿地宽度少于3m时，采用直立型驳岸，直接建设垂直挡墙。各类驳岸挡墙表面均需采用干砌石形式，为植物和动物留出生长空间，避免在内河两岸出现生硬的混凝土，让内河驳岸能够自在呼吸（图4-4-4）。

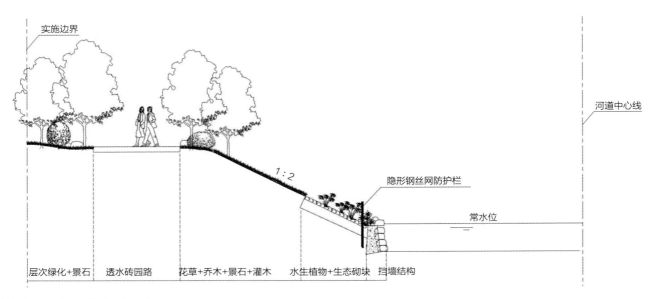

图4-4-2　生态砌块型驳岸断面形式

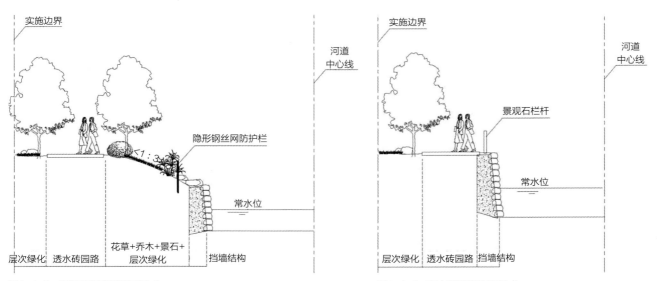

图4-4-3　半缓坡型驳岸断面形式

图4-4-4　直立型驳岸断面形式

二、绿道贯通

福州的慢性系统简称"福道"，福州中心城区的福道网络规划从生态空间格局优化、城市宜景空间整理、历史文化名城要素梳理、城市景观风貌构建4个维度探讨布局福州福道网络的基础条件，遵循"通山达水、串文联绿、绿心外延、合区并网"的原则，适应存量时代有机更新的现实要求，充分利用城市内部生态、人文和破碎3类空间，构建了20个慢行生态休闲片区，选线谋划"山—水—巷—路"4大类、共132条福道，总长约1237.7km。

其中，山道以环山慢行道为主，主要为居民和游客提供山地健身、生态游憩、登高望远等活动的路径和场所；水道为沿湖泊、江河布置的滨水慢行道，为居民和游客提供亲水娱乐、滨水休闲、临水康体等功能活动区；巷道为依托历史城区中的各类历史文化街区、历史风貌区、历史建筑或传统风貌建筑群，真实反映历史文化名城肌理特征的街坊里弄；路侧慢道则为依托城区内重要干道系统的两侧绿地空间所构建的放射性骨干福道，主要起到串联城市绿色开放空间节点及各片区福道网络的重要作用。

四种类型的绿道将城市自然生态资源、历史人文资源、重要公共服务设施等各类开放空间有机联结成一张城市生态休闲网络，共同打造了"全城一张网"的"绿岛链"空间形态、"蓝—绿—文—活"多元风貌结构和"宜骑、宜跑、宜走"不同的慢行功能特征。规划提升开放共享服务标准，保障福道网络分布密度不低于8km/km^2，服务半径覆盖率不低于80％，万人拥有绿道长度不低于3km。

在福道网总体规划的指引下，结合水系综合治理工程，临水而建的福州绿道（慢行道）有西湖环湖步道、晋安河步道、白马河步道、光明港步道、流花溪步道等滨水休闲步道，共计680.3km。

三、串珠公园

"串珠公园"是由福州市首次提出的建设理念，结合了城区水系综合治理工程，是指以内河沿岸步道和绿带为"串"，以有条件、可拓展的块状绿地为"珠"，串绿成线、串珠成链，建设延绵整座城市的公园绿地，目的是将自然生态环境引入城市。

串珠公园是福州市在存量时代整合城区低效用地，为市民打造生态休闲开放空间体系的民生标杆。福州城区内河大多分布在居住区周边，与市民生活关系十分紧密，福州市践行以人民为中心的理念，以城区水系综合治理为契机，坚定决心开展沿河旧屋区改造、弃置荒废地块收储和临河功能不协调地块置换等工作，坚决把原来占压驳岸的房屋收储、拆除，整理形成的滨河空间按照"一个不少于、六个不能断"的原则（沿岸绿带不少于6m，树不断、路不断、林荫不断、景不断、灯不断、设施不断），着力开展生态修复、岸线绿化、滨水绿地建设、公共设施配套、亲水慢道打造等环境品质提升工作，并不断向周边片区扩展、延伸，在内河沿岸建设了一大批串珠式公园绿地，打造与市民生活联系更加紧密的"串珠式"公园绿地网络和公共空间网络，形成连续不断、纵横交错的城市生态走廊、绿色通道和人文空间。以往一个个无人问津、垃圾成堆、臭气熏天的角落，变成了市民身边整洁、有序、舒适、优美的小公园，被称为"串珠公园"，也就是口袋公园。市民身边多了一大批可以休闲健身的共享空间，实现了推窗见绿、出门进园、行路见荫。其中，"路不断"的内河亲水步道不仅是连起城市串珠公园的金丝玉线，更是城市开放空间体系的骨干链条，支撑起一张有形的生态休闲网络。

"十三五"期间，福州城区在成功治理156条内河的基础上，已沿线建设串珠公园1202个；建设环山休闲步道131.3km、滨水休闲步道680.3km、大型生态公园15个。这些绿道即将串联起城区58座山体，实现山山相连、串山连水的城市"绿网"。福州"串珠公园"依据主要功能与周边环境条件分为生态型"串珠公园"、社区型"串珠公园"、文化型"串珠公园"三种类型。

1. 生态型"串珠公园"

生态型"串珠公园"主要是以沿河绿地为底，以植物种植为主要建造手段，其设计上集生态、景观及排涝功能于一身，通过内河沿线绿色廊道，将生态自然引入城市；主要作用为平衡城市生态环境，提高空气质量，蓄水排涝，提升居民生活幸福感，如晋安区的涧田湖生态公园、鹤林生态公园等（图4-4-5、图4-4-6）。

图4-4-5 涧田湖串珠生态公园效果图

2. 社区型"串珠公园"

社区型"串珠公园"主要是以服务城市居民日常生活为主，一般选址居民区附近，具有交通可达性、功能多样性和环境自然性，适宜进行各类活动，在设计上更加强调人与景观的互动性、参与性。这类公园通常是根据周边使用人群的分布和需求决定公园的主要功能，与广场、街道等开放空间衔接，亦可作为步行路网的补充，交通便捷。如具有儿童主题性质的马沙溪公园，以老人休闲、文娱活动为主的"忆榕园"，以及适合一般人群散步休闲的马沙溪公园、琴亭河公园等（图4-4-7、图4-4-8）。

图4-4-6　鹤林生态公园效果图

图4-4-7　马沙溪公园　　　　　　　　　　　　　　图4-4-8　琴亭河公园

3. 文化型"串珠公园"

文化型"串珠公园"的建设主要是针对福州老城区和文化底蕴厚的区域，以名人故事和民俗文化为特色，园区规划的重点放在特色文化展现及宣传上。公园设计上会着重展现古色古香的特色风貌和文化底蕴，特别是在公共设施上着力体现古朴与厚重感。如安泰河与文藻河交汇处的西水关公园，沿线经过西水闸、观音桥、金斗桥、二桥亭桥等历史景观，凸显了街巷文化和历史底蕴（图4-4-9、图4-4-10）。

四、文化节点

福州内河，是福州城的命脉，也是文脉。散布河边的古榕、古迹，与内河相伴相生，千百年来，它们庇佑着沿河的福州人，见证了福州城的飞跃变迁，共同形成榕城独特的内河文化。此次福州水系综合整治，内河沿线的文化遗产得到了梳理和保护。

1. 白湖亭古榕

白湖亭古榕位于白湖亭郭宅村白湖亭河上，七星古桥横跨两岸，河水顺着蜿蜒的河道穿桥而过；水边的芦苇随风摇曳，蓊郁苍翠的28棵古榕分立两岸。古榕群后，就是唐朝名将郭子仪后人聚居的村落——郭宅村，一栋栋古厝错落有致，仿佛还在等待未归的游子……时光荏苒，如今古桥、古榕群还如千年前一样，镇守在白湖亭河畔，诉说着一代又一代郭氏族人的传奇。

七星桥位于仓山区盖山镇郭宅村白湖亭河，横跨白湖渡，东西走向桥长约33m，宽3m，石构梁桥，四墩三孔，中孔高，边孔低，便于航船两墩间平铺石梁，其中一根桥墩上刻有"天圣十年壬申九月八日"，可知桥始建宋天圣十年（1032年）。相传，福州南郊

图4-4-9　白马河西水关公园

图4-4-10　白马河白马津渡

有7座大桥，号称七星桥，此七星桥是其中第一桥，其他6座桥已毁。今桥下河道干涸，古桥成为旱桥。古时，七星桥沿岸曾是客货集散地。《闽县乡土志》记载："白湖亭，有亭无湖，其湖久湮。西南郭宅桥头，七里进省，渡船泊此"。七里指旧属闽县的永庆里、积善里、方岳里、还珠里、清廉里、灵岫里、西集里，即今闽侯的尚干、青口、祥谦诸镇地。志书又说："物产以郭宅之木、竹器为大宗，其竹由永福来，乡中男女以竹为业，故郭宅竹器为福州之最"。可见，当时永泰的竹子就是由大溪沿白湖渡运到七星桥下到达郭宅的（图4-4-11）。

2. 安泰河朱紫坊"龙墙榕"

"龙墙榕"位于福州市八一七北路安泰河边朱紫坊26号门前。

自宋代以后，秀冶里、朱紫坊、桂枝里一带的安泰河畔种植了许多榕树，有1株号称"龙墙榕"，相传植于唐末天复元年（公元901年），树龄已逾千年，裸根成方形，树根衔着数块宋代古砖，宛如蟠龙腾跃，结成一扇屏风，至今仍叶茂如盖，四季常青（图4-4-12）。

3. 陆庄河陆庄桥

陆庄，是宋朝福州有名的园林庄园，陆庄主人一家三进士，父亲陆宣做过潮州知府，陆蕴、陆藻兄弟俩都做过福州知府，他们购地百亩，兴建园林，留下一方诗情画意。

陆家庄园通往庄外的石桥，就叫作陆庄桥。明朝时，闽都十才子之一的王偁曾来到这里，其这样记叙陆庄的景致："萍散山流影，云收月坠天。愿随鸥鹭侣，薄暮宿寒烟。"绿波倒映着小山与云朵，水鸟结伴畅游，享受陆庄桥下的安逸与静谧（图4-4-13）。

观察下桥身，我们能看到"乾隆岁次戊申，立冬吉旦重修"——桥上的石刻记载着它的历史，由于年久受损，这座古桥在清朝时又经居民重修。桥上的木构亭子，则挂着这样的楹联："视之不见求之应，听则无声叩则灵"（图4-4-14）。

图4-4-11　白湖亭河七星桥

图4-4-12　安泰河"龙墙榕"

图4-4-13　陆庄桥

图4-4-14　陆庄桥楹联

图4-4-15　白马河西水关公园

4. 白马河西水关水闸

西水关水闸位于白马北路省林业局宿舍南侧，1992年被列为福州市文物保护单位，水道穿城墙而过的地方，称为水关。水关可设闸，既可以是交通要道，也可以是城池防卫系统的一部分。福州城有水关4个，分别为南水关、西水关、北水关和汤水关。南水关，在水部门东，俗称水部门闸，引南台江潮，由河口凡三十六曲而入。台江船运的货物皆由此进入城内河道。西水关在西门南，引洪塘江潮，自西河口亦三十六曲而入，洪江船运的货物由此入城。北水关，在城西北，旧为闸，引西湖水入城。汤水关，在汤门北，与澳桥河接，引龙腰东北诸山之水入城（图4-4-15）。

西水关水闸始建于元代，闸槽旁刻有"时大元至元三十年岁次甲午十一月丁丑吉日，福建行省官高兴等亲造"，有极高的文物价值。经该水闸，西湖水、白马河水注入安泰河，提升内河的通航能力，搬运沿线商户的货物。

5. 白马河彬德桥

白马河上有一座彬德桥，始建于明朝，它的故事就包含在它的名字中（图4-4-16）。

从前，福州是我国三大木材集散地之一，借着水道，闽江上游的木材被扎成木排，顺流而下，集结在义洲和白马河两岸加工并进行销售。木材商人们便组成了木帮商会"彬社"，"杉"字和"木"字拼在一起，就是"彬"字。他们做生意讲究江湖义气，坚信好品行才有好商运，彬社成员们做了许多善事，帮助周边居民救火，将无家可归者义葬……商人重利，

图4-4-16　白马河彬德桥

也重德行。彬德桥正是他们这一份善心的历史见证，这座桥始建于明代，清朝光绪年间由彬社筹资重修，方便了周边的交通。这座古桥凝结着他们的德行，积聚着老福州踏实的江湖气：做好人，行好事，造福他人。

6. 白马河白马桥

白马桥位于台江区义洲街道，横跨白马河，呈东西走向（图4-4-17）。该桥于清末由木材帮商会集资兴建。原桥三墩四孔，现因填河造屋，仅存二墩三孔。白马桥为石构平梁，桥墩呈船形。上架巨石白马桥旧梁，梁上横铺石条为桥面，桥长71m，宽3.1m，望柱23对，栏板22副。两侧设石护栏，望柱上雕刻石狮、瓜果等，工艺精湛，惜为风雨剥蚀。旧时，白马河一带是木材集中地和加工地，沿河储存木材的水坞和锯木厂星罗棋布。桥东连着伙贩街（伙贩即木材商），原是木材交易的集中场所。木帮商会会址就在距白马桥不远的复池路上，旧建筑至今犹存。古时，白马河上有"白马观潮"的壮观景象。那时，白马河从台江帮洲路漳江入口，流经义洲白马桥，北上注入西湖。端午时节，人们聚集在河岸上观看龙舟竞渡，锣鼓喧天，鼓劲喊声不绝于耳。清梁上国《白马春潮》诗曰："雷鼓甸匐白马驰，观涛旧有广陵期。那知榕海三春景，赛得钱江八月奇。"

7. 东西河洗马桥

洗马桥位于八一七路茶亭街附近。北宋开宝七年（公元974年），福州刺史钱昱再次扩建福州城池，史称"外城"。在外城南面合沙门外开挖护城河，因河水供官府、军队洗马之用所以得名洗马河，上建桥名"洗马桥"，以木为梁。太平兴国三年（公元978年），合沙门等城门及城墙奉朝令堕毁，唯存洗马桥。洗马桥北有洗马街，桥南为茶亭街，清末为进京和进入府城的驿道，供步行、乘轿、骑马之用。明代福州状元陈谨在洗马桥附近建有私家花园"南

图4-4-17 白马河白马桥

园"。1929年，福州扩建南北通道，洗马路加宽至15m，改木桥为公路桥（图4-4-18）。

8. 三捷河万寿尚书庙

万寿尚书庙始建于明代天启年间，南宋时期陈文龙（莆田人，抗元名将、民族英雄）担任闽广宣抚使时官邸所在地，元朝被毁，后朱元璋令有司岁时到祭，敕建"陈忠肃公神祠"，因地处万寿境，又称万寿尚书庙，位于上下杭历史文化街区入口处。

从明朝永乐到清朝光绪，福州先后在阳岐、万寿、新亭、龙潭、竹林等处建有尚书庙，以纪念这位乡贤，并先后奉之为"福州府城隍庙主神""内河保护神""航海保护神"（图4-4-19）。

图4-4-18　东西河洗马桥

图4-4-19　三捷河万寿尚书庙

9. 三捷河张真君祖殿

张真君祖殿位于台江区下杭路，上下杭星安桥附近，背靠彩气山和大庙山，前临三捷河，左右有星安桥、三通桥。大庙山、彩气山与三捷河共同形成一个葫芦形状，当地人称"葫芦腹内存双杭"，张真君祖殿就位于葫芦嘴口（图4-4-20）。

10. 打铁港河河口万寿庵

河口万寿庵位于打铁港公园内、河口万寿桥旁。此庵作为河口万寿桥的附属建筑，均为清康熙七年（1668年），鼓山涌泉寺监院成源禅师募建"万寿桥"时一同建立。清代，随贡船前来的琉球官员住在附近的琉球馆内，经常到庵中瞻礼，并留下纪游诗篇（图4-4-21）。

图4-4-20 三捷河张真君祖殿

图4-4-21 打铁港河河口万寿庵

11. 打铁港路通桥

"半路杀出个程咬金"出现在小说《隋唐演义》中，程咬金是一员大将，用一对板斧作为武器，性格直爽，脾气火暴。传说中，这位将军还在福州修了一座桥，便是路通桥（图4-2-22）。

坐公交车到打铁垱，再前行几百米，就可以看到路通桥。据说，当年此处频发水灾，百姓苦不堪言。程咬金当时身为国公，来到福州察看。他看到当地居民因水患流离失所，便决定借建桥的机会来赈济灾民，改善他们的生活。于是便上奏朝廷，征求到一大笔经费，修建了一座桥，这座桥"人立桥头，不见桥尾"。程咬金修建了这座路通桥后，便将余下的银两都分发给灾民。这些故事流传在民间，又被编入评话中，寄托着人们对这位勇猛将军的美好想象。

12. 河口万寿桥

河口万寿桥位于南公园正门左侧。

三百年多前，这里是外国使节驻舶地。明清时期，琉球进贡船均在此处停泊上岸，这座古桥，是中琉关系的重要史迹。当时，主管福建海外朝贡的太监尚春修建了一座木桥，这座桥将新港的码头、船厂和海外朝贡的管理处、接待处等连通，成为一体。康熙年间，又改建为石桥，便成为今天看到的河口万寿桥的样子（图4-4-23）。

多年来，身边的一切似乎都在不停地变化，但这些古桥为我们保留下了历史的痕迹。走过它们，抚摸桥上的印记，辨认石刻上的内容，也许就能更进一步地了解曾经，了解我们所来之处，了解我们将要去往何方。

13. 流花溪甲天下榕

高宅村有古榕树群，其中有棵红皮大榕树，属珍贵榕树品种，树龄已达千年，成为"甲

图4-4-22　打铁港路通桥

天下榕"。甲天下榕位于洪湾南路流花溪公园内是高宅村的风景树，也是香积寺的风水树（图4-4-24）。

14. 流花溪高宅香积寺

古寺建于清初，位于洪湾南路流花溪公园内，历来香火鼎盛，为乡人信仰中心，每年农历七月二十五至八月初一，都要请各地闽剧团来此演剧酬神（图4-4-25）。

15. 光明港凤洋将军庙

凤洋将军庙远洋路远东辛亥百年纪念广场旁，明嘉靖五年（1526年）始建，清光绪元年重建，内祀琉球人金伯通。金伯通，琉球国唐营人，其先世金瑛为今闽侯新洲人。1562

图4-4-23　河口万寿桥

图4-4-24　流花溪甲天下榕

图4-4-25　流花溪高宅香积寺

图4-4-26　凤洋将军庙

年，奉命护航前来中国朝贡，因在闽江口忽遇暴风雨袭击，不幸落水身亡，遗体顺潮漂入内港远洋江滨。当地人从遗体上的腰牌得知死者是琉球金伯通将军，就将其遗体进行防腐处理，并塑像建庙奉祀，以作纪念（图4-4-26）。

16. 林浦河泰山宫

泰山宫位于仓山区城门镇濂江村，被称为最小的皇帝行宫，占地1484m²，原为平山阁，南宋德祐二年（1276年），宋端宗赵昰等将此作为行宫，同年十一月，元兵攻破福州，赵昰与文武官员再次渡海南逃。南宋祥兴二年（1279年），陆秀夫背负末帝赵昺在广东崖山跳海殉国。南宋灭亡后，本村百姓在宋帝行宫边专门建陈丞相祠，祀陈宜中。此后，避免元廷的追查，将宋帝行宫、陈丞相祠改为社庙，予以祭祀，冠以"泰山"两字以为避讳，俗称"泰山宫"（图4-4-27）。

17. 林浦河廉江书院

廉江书院位于仓山区城门镇濂江村泰山宫边，始建年代不详。相传朱熹曾在此讲学，并题有"文明气象"四字，占地764m²，现主体结构为清代建筑（图4-4-28）。

18. 林浦河宋帝榕

宋帝榕位于仓山区城门镇濂江村泰山宫前。两棵"宋帝榕"，树高均达22m，胸围约7.8m，树径达2.5m，冠幅直径达25m，历经500多年依然生机勃勃，枝繁叶茂，被评为福州"十大古榕"之一（图4-4-29）。

19. 台屿河长埕红砖厝

红砖厝位于台屿河公园内，建于清末或民国时期，为早期曾在上海经商的福州人陈鸿信家族住宅。据传，该宅历时10年建成，户主陈炳怀曾是外国领事馆名厨。1949年福州解放时的第一批解放军战士

图4-4-27　林浦河泰山宫

图4-4-28　林浦河廉江书院

在这里驻扎休养，叶飞的兵团司令部设在这里（图4-4-30）。

20. 三捷河三通桥

三通桥位于台江区中亭街西侧，处达道河、三捷河、新桥仔河交汇处，桥呈"弓"形，横跨达道河，东西走向，二墩三孔石构拱桥，不等跨。桥长36.7m，宽3.1m。桥墩与桥台用条石砌造，桥拱由条石纵联砌置，外侧设独立拱圈，高于两边（图4-4-31）。桥面横铺

图4-4-29　林浦河宋帝榕

图4-4-30　台屿河长埕红砖厝

石板，桥面与两岸间的道路由石阶相连，两侧设石护栏，有栏柱12对，石栏板11对，中间栏板上镌书"三通桥"，边款为"嘉庆丙仲秋吉旦造"，可知桥始建于清嘉庆十一年（1806年）。近年因中亭街改造，桥已整体移建，变为横跨三捷河，南北走向新桥仔河及达道河流过中亭街的一段都置于建筑物下成为地下河，桥北是从均尾街移来的万寿尚书庙。古时的三通桥，东连中亭街，西接张真君祖庙桥下三河相汇，可通大桥（万寿桥）、小桥（沙合桥）、

图4-4-31　三捷河三通桥

三捷桥，是台江水上交通枢纽。清嘉庆进士郑开禧有诗赞曰："路逢过雨长新潮，移泊三通旧板桥。好是夜阑人语静，一江明月万枝箫。"

21. 三捷河星安桥

星安桥位于台江区双杭街道，横跨三捷河，东西走向。连接旧时上下杭的福星铺和苍霞洲的安乐铺，自两铺名中各取一字命名为"星安桥"，曾拥有"南台十景"中"三桥渔火"著名景观。桥为石构拱桥，二墩三孔，墩呈船形。现因北侧填河建房而塞一孔。桥拱由条石纵联砌置，边嵌拱圈。中拱高于边拱，桥体呈"弓"形，用石阶连接两岸之路。两侧设护栏，栏板上镌楷书"星安桥""乾隆丙午新建""嘉庆乙丑年重修""垂裕堂张重修""惟善社监督"等字样，可知桥始建于清乾隆五十一年（1786年），后历经清嘉庆九年（1804年）、光绪十六年（1890年）、宣统二年（1910年）、1925年多次重修。桥长17.3m，宽2.1m。星安桥毗连商贸中心上下杭街区，历史上沿河一带曾是货物集散地，附近有著名的马祖道古码头，汇集江上游各地的土特产品，再沿水路出海，销往海内外各地。桥北有张君祖庙，是福建民间信仰的重要古迹，桥南有法师亭，建于宋代，祀陈守元道士，民间尊为临水陈太后陈靖姑的叔父，被闽王王延钧尊为"天师"（图4-4-32）。

五、游船通航

福州作为我国东南沿海典型的水网型城市，具有悠久的历史文化和地域特征，福州水系更具有丰富的历史文化内涵。

通过动态发展的眼光解读福州城市水系与城市演变的关系，挖掘福州特色水系文化，将

图4-4-32　三捷河星安桥

传统营城治水智慧与现代城市发展需求结合，营造出"海纳百川，有容乃大"的城市精神和集自然景观、文物古迹、宗教信仰与风俗传统浑然一体的水系文化，寻求当代语境下的山水人居建设方式。因此，在整体思路上，依据不同水系所串联的自然、文化遗产的不同，差异化发展福州水系，营造出移步异景的文化景观氛围，将福州"水脉"与"文脉"相融合，打造以水系为纽带的"文化旅游休闲功能带"。根据《福州市水上旅游规划》，规划将水上旅游线路通航满足的"河宽（W）、桥梁净高（H）、水深（D）"基本要求如表4-4-1所示：

水上旅游线路通航基本要求表　　　　　　　　　　表4-4-1

标准	河宽（W）	桥梁净高（H）	水深（D）	推荐船型
低标准	> 7.5m	> 1.7m	> 0.8m	乌篷船、摇橹船等
中标准	> 11.3m	> 2.0m	> 1.0m	水上巴士等
高标准	> 25.5m	> 2.2m	> 1.2m	画舫船等

规划将水上旅游线路分为主要线路和次要线路两种：

1. 水上旅游主要线路

水上旅游主要线路是依托主要旅游廊道开展水上旅游的主要线路，是展示福州水系及沿线历史文化特色、展现都市风貌、体验休闲旅游、体验水上旅游的重要依托。主要线路的主题可分为文化体验线路和都市休闲线路。

（1）文化体验线路

通过积极传承物质与非物质文化遗产，彰显闽都内河文化品牌，依托水系沿岸文化遗产资源较多的水系，构建福州水系的文化游线。重点打造白马河文化体验线路、帝封江文化体验线路、南湖—梁厝—马杭洲河文化体验线路等。白马河沿线是福州市文化设施较为集中的区域，沿线分布有西湖公园、三坊七巷历史文化街区、乌山风貌保护区、上下杭历史风貌保护区等重要历史文化遗存。《福州市水上旅游规划》：打造白马河文化主题线路，将白马河等根据历史原貌进行规划和开发，依托安泰河联动三坊七巷景区，充分挖掘福州内河的文化潜力，将河畔美景与典故传颂、历史文化遗存充分结合，讲好榕城水系故事。帝封江串联起了两大历史文化节点：阳岐历史文化名村和螺洲历史古镇。

打造帝封江文化主题线路，联动乌龙江水系，串联内河两岸的旅游资源，凸显南台岛的文化底蕴，将以阳岐历史名村、螺洲历史古镇为代表的历史文化和以水上游乐、茉莉花洲为代表的生态休闲相结合，将内河打造成动静相融，古今互通的特色线路。

打造南湖—梁厝—马杭洲河文化主题线路，南湖、梁厝河、马杭洲河沿线则分布有梁厝特色街区、海峡艺术中心等一系列文化旅游资源，以茉莉花文化为特色，联动三江口片区的文化旅游资源，打造具有福州地方特色的文化游线。

（2）都市休闲线路

基于福州现有水系沿线串珠公园丰富、商业业态浓厚、基础设施完善的地块或资源点，打造都市休闲线路。优化和丰富休闲游憩、美食餐饮等都市业态，提升配套服务品质；复原城市水文化标志、疏通城市文化水脉。通过两侧业态的提升打造新的水系文化创新产业游线，打造富有文化品位和地方个性的旅游新热点，为福州旅游产业发展注入新活力。重点打造晋安河都市休闲线路、晋安湖都市休闲线路、流花溪都市休闲线路。

打造晋安河都市休闲线路，晋安河纵贯南北，河道笔直，是福州市内河最宽的一条河道，在城市的发展中起着至关重要的作用。通过旅游业态的活力营造、传承文化、弘扬精髓，打造一条主客共享、老少皆宜的亲水休闲游憩带，同时成为城市交通的水上动脉。

打造晋安湖都市休闲线路，晋安湖规模为62hm^2（湖体40.67hm^2，岸上21.33hm^2），建有全省最高摩天轮，高达120m。联动东二环片区和摩天轮综合体的消费业态，打造全新的福州水系文化旅游地标。

打造流花溪都市休闲线路，流花溪是金山最长的带状公园，毗邻飞凤山，两岸是大量的居住小区，居住人口密集。经过整治提升后，环境品质和景观氛围大幅提升。以亲近自然的模式、休闲恬静的氛围突出流花溪水系特色，服务于周边居民，打造自然的都市休闲水系。

2. 水上旅游次要线路

水上旅游次要线路是依托具有通航可行性的次要旅游廊道开展的水上旅游线路，作为主要线路的补充和延伸。该线路主要包括串联白马河和晋安河的东西河、琼东河；串联南公园和上下杭的新港河、达道河、三捷河、打铁港等；串联晋安湖和晋安河的凤坂河西段，以及晋安河北段；串联海峡奥体中心和飞凤山的台屿河、飞凤河、浦下河；串联林浦河和螺洲河的浦下河、跃进河、白湖亭河（表4-4-2）。

水上旅游线路表 表4-4-2

序号	水上旅游线路	河道名称
1	主要线路河道	光明港、晋安河、白马河、安泰河、三捷河、鹤林河、凤坂河、流花溪（洪湾河）、马洲河、义序河、梁厝河、马杭洲河等
2	次要线路河道	打铁港、南公园水体、新港河、达道河、排尾河、台屿河、飞凤河、浦上河、阳岐河、跃进河、白湖亭河、胪雷河、清富河、东西河、三捷河、浦下河、林浦河等

第五章

联排联调

　　水系综合治理工作，三分建，七分管，工程建设完后，需打破原来的"九龙治水"，需要有专门的部门借助大数据、信息化，科学化管理、精准化管理，实现"雨天不内涝、河道不黑臭"。因此，福州市成立了"福州市城区水系联排联调中心"。

第一节　建设意义

　　福州市城区水系联排联调中心整合了福州市涉水部门的管理权限，变"九龙治水"为"统一作战"，提高了协调和调度效率。

第二节　主要职能

　　福州市城区水系联排联调中心通过统筹调度城区上千个库、湖、池、河、闸、站，实现"多水合一、厂网河一体化"的管理模式。主要职能有三个方面：

一、排水防涝

　　台风强降雨期间，运用城区水系科学调度系统进行调度。事前腾空水体、提前布防；事中统一指挥、科学调度；事后清扫消毒、恢复水位。

二、水多水动

　　利用闽江自然潮差，采用纳潮引水为主、泵站调水为辅的自然生态补水模式，实现"把水引进来，把水留下来，让水多起来，让水动起来，让水清起来"的目标。

三、"厂网河"一体化

　　通过水系流域分区、管网网格化、布设在线监测系统，将污水处理厂、雨污管网、截流井、调蓄池、河道进行统一管理，实现"污水全收集、河水不入厂"，全面提升水环境。

第三节　技术措施

如何实现上述涉水工程科学调度和管理，福州市在成立"福州市城区水系联排联调中心"之初，福州市政府与国内顶尖高校、水资源、水环境方向的专家进行了深入交流，最后确定，要实现福州城区水系科学化、信息化、智慧化调度及管理，必须建立"福州市城区水系科学调度系统"，福州市城区水系联排联调中心对"福州城区水系科学调度系统项目"进行了公开招标，中标单位为中国水利水电科学研究院，该项目由中国工程院王浩院士领衔中国水利水电科学研究院完成。"福州城区水系科学调度系统"通过大数据、物联网、AI等多种先进技术，建起"眼、脑、手"三大体系。"眼"是"天地一体化"监测体系，掌握各水系要素动态信息；"脑"用来分析问题，为预测预报和调度决策提供辅助；"手"是集成全市上千个水系要素的自动化控制系统，实现城市应急防涝、内河水多水动和网厂河一体化管理等三个应用场景融合实践。

第四节　平台建设

"福州城区水系科学调度系统"的预警预报部分为该系统的核心部件之一，由中国水科院王浩院士领衔的科研团队自2018年4月起，历时3年自主研发完成。该预警预报系统充分考虑了台风、气象、雨量、河道、库湖、积水、管网、水质、排口等因素，构建了福州市城区精细化气象预报模型、流域洪水预报模型、概率洪水预报模型、城区内河水动力水质耦合模型、城市内涝预报模型、基于大数据分析和基于现代智能的洪涝预报模型，以及福州城区水系联排联调模型，能实现对雨量、河内水位的实时监测，实现了城市洪涝与水环境实时预测及预警，并针对不同内涝或水环境事件提供调度建议及决策支撑，为福州市水系日常工作业务系统和应急指挥调度提供了重要的技术支持。

第五节　运行方式

（1）监测体系打造"千里眼"，实时紧盯各水系要素。目前，在福州市城区设置了85座雨量站、390个水质水位仪、750个路面积水监测点、1604个管网水位监测点，为水多水动、排水防涝以及厂网河一体化的科学调度提供数据支撑。

（2）数据高效分析打造"智慧大脑"，科学制定联排联调方案：通过中国水利水电科学研究院研发的模型，对监测数据进行计算分析，为库、湖、河、池、闸、站提供科学、系统、精准的联排联调方案，提高调度效率。

（3）自动化控制系统打造"多面手"，让各水系要素听指挥：对城区的水闸和泵站进行自动化改造，建立远程监测与控制平台，对城区库、湖、池、河、闸、站进行综合调度。

对于水网密布、沟壑纵横的福州来说，这一系统成为应对强降雨、台风天气等"战时"情况的排涝"指挥官"，福州市城区水系调度重点在库、湖、河、闸、站的联排联调。过去，各部件常"各自为战"；如今，依托排水防涝一张图，事先就能进行相关会商决策，形成一套完备的防灾备汛方案，提前布防。借助城区库湖闸站联排联调、错峰调蓄，抢险队伍应急设备网格化部署，城区排水防涝应急处置效率提高了50%，库湖河调蓄效益提高了30%以上，城区内涝得到有效缓解。

第六章

机制探索

成功的水系治理，除了系统科学的顶层规划设计，还需要好的机制和体制强化具体实施过程。福州市在近几年的治水建设过程中，也摸索出了一套创新的机制和体制。

第一节　建立强有力的组织保障

成立福州市城区水系综合治理指挥部，其中总指挥长为市长，常务副指挥长为常务副市长，副指挥长为分管城建、城管、规划的副市长，分管环保的副市长，分管水利的副市长，指挥部成员为与治水相关的各委、局、办、企业的一把手。指挥部下设：规划设计方案审查组、工程造价审查组、拆迁阻工协调组、工程质量监督组、驻地工作协调组、效能督查组、一线考察干部组。从上至下，形成有力的组织保障体系：

（1）市委书记、市长定期现场督导巡察；

（2）三位副市长在指挥部每周例会解决问题；

（3）区级领导提供"保姆式"服务，每周推进征迁交地，3个月完成沿河违章搭盖拆迁200多万m^2；

（4）各行业主管部门每日查施工人员投入、查施工进度、查施工质量；

（5）乡镇街道上门入户做好动员工作，发动全民支持内河相关建设；

（6）制定各种建设技术标准：《福州市水系综合治理项目施工过程质量安全监管标准化管理手册》《福州市水系综合治理项目工程质量竣工验收标准化管理手册》《福州市水系综合治理项目材料、设备供应标准化管理手册》《福州市水系综合治理项目管材选择规定》《福州市水系综合治理截流井设备选择规定》《福州市水系综合治理项目》……

（7）福州市规划设计研究院，作为第三方技术咨询单位，全程把关技术方案的合理性、设计的合法合规性；施工现场是否按图施工等。

第二节　创新项目工作法

水系治理项目，具有复杂、综合、系统的特点，为了防止"部署了之"，杜绝"责任落空"，福州市政府把每一项治理措施都转化为具体的治理项目，所有项目通过"两条腿"现场踏勘、方案论证、专家审查，最终生成了3210个治理项目，所有项目都明确责任人和完成时限，确保各项目责任清单化、清单责任化。

第三节　创新项目建设模式

为提高建设速度，福州市对所有水系治理项目，根据流域和区域范围，进行项目打包，共生成7个水系综合治理PPP（Public-Private Partnership，PPP）项目，并通过公开招标投标，选取优质的PPP项目建设方，最终7个水系综合治理PPP项目的具体投资方、设计方、施工方组成如下：

（1）福州市新店片区水系综合治理PPP项目：

牵头方（投资方）：福建中闽水务投资集团有限公司

设计方：中冶京诚工程技术有限公司

施工方：中冶京诚工程技术有限公司

（2）福州市鼓台中心区水系综合治理 PPP 项目：

牵头方（投资方）：北京控股集团有限公司

设计方：北京市市政工程设计研究总院

施工方：中国建筑第三工程局有限公司

（3）晋安东区水系综合治理及运营维护PPP项目：

牵头方（投资方）：清控人居控股集团有限公司

设计方：北京国环清华环境工程设计研究有限公司

施工方：福建省二建建设集团有限公司

（4）福州市金山片区水系综合治理PPP项目：

牵头方（投资方）：中国水环境集团投资有限公司

设计方：中国市政工程西北设计研究院有限公司

施工方：宏润建设集团股份有限公司

（5）仓山龙津阳岐水系综合治理及运营维护PPP项目：

牵头方（投资方）：北京首创股份有限公司

设计方：上海市政工程设计研究总院（集团）有限公司

施工方：北京市政路桥股份有限公司

（6）福州市仓山会展中心片区水系综合治理PPP项目

牵头方（投资方）：福建中闽水务投资集团有限公司

设计方：北京桑德环境工程有限公司

施工方：中冶京诚工程技术有限公司

（7）福州市仓山三江口片区水系综合治理PPP项目

牵头方（投资方）：北控水务集团有限公司

设计方：福州市规划设计研究院

施工方：中建三局第一建设工程有限责任公司

第四节　创新项目考核机制

以上7个PPP项目，建设期为2～3年，运营期为12～13年，为了确保治理成效，福州市在财政付费方式上作出创新：一是按项目付费，项目按照技术方案建成并投入正常运转后，财政才付费；二是按效果付费，项目周期15年，每年第三方评估合格后，财政才付费。

第五节　创新运营管理机制

水系治理项目建成后，还需要后期的科学、系统、规范化管理，福州市在水系项目运营管理方面，有以下三个方面的创新：

（1）成立福州市城区水系联排联调中心：整合了福州市涉水部门的管理权限，变"九龙治水"为"统一作战"，提高了协调和调度效率。

（2）建立内河双河长制：为强化管理，福州市还创新实行"双河长制"，每条内河除了"政府河长"外，还有一名"企业河长"。政府河长负责监督、考评、审批和执法；企业河长落实具体管养工作，确保治理效果的不断巩固和提升。

（3）成立城区水系巡察队：通过社会化购买服务，成立了城区水系巡察队，对各条河道24小时不间断巡逻，在巡察中发现污水偷排、公共设施损坏等情况，巡察人员通过拍照上传到联排联调中心专门建立的"内河巡察现场问题清单"应用程序端，由联排联调中心调配相关部门和人员处理上述相关事项。

第六节　创新一线考察干部机制

以项目建设践行党建引领、科学管理，本次项目建设管理践行了"支部建在项目上，党旗插在工地上"，旨在推动党建工作与工程项目建设深度融合，激发参建各方积极性、主动性、创造性，将党组织优势转化为解决实际难题，推进工程项目建设的强大力量。本次各PPP项目指挥部，抽调一名处级干部作为该项目的党支部书记，驻点在一线，和项目参加各方同吃同住，随时协调项目上出现的问题和困难，有力地推进了项目建设进度，确保了项目建设质量。

第七章

治水成效

第一节　内涝治理

一、河湖水系的蓄排能力

1. 河湖水面率

通过河道清淤、河道拓宽、挖湖等工程措施，福州市主城区水面率由4.08%提高到5.23%，虽然在当时离国家《城市水系规划规范》GB 50513—2009[①]将不同地区城市按降水及水资源条件划分为三类，给出了城市水面率的建议值，一区城市为8%～12%，二区城市为3%～8%，三区城市为2%～5%，且这项指标不具有强制性，但对福州而言，却十分重要，继续提高城市水面率，是福州市下一步工作努力的方向。

2. 河湖调蓄能力

通过新建井店湖、义井湖、涧田湖，扩建琴亭湖和温泉公园湖5座湖体，新建斗顶、八一、洋下3座海绵雨洪公园，新建斗门调蓄池等2座调蓄池；大力推进沿河拆迁、河道扩宽和河道清淤工作；河湖调蓄能力达到1473万m³，比2016年水系整治之前提高了29.3%（表7-1-1）。

河湖整治前后调蓄能力对比表　　　　　　　　　　　　　　表7-1-1

调蓄能力（万m³）	治理前（2016年）	治理后（2020年）	变化率
调蓄池调蓄能力	0	16	—
湖体调蓄能力	72.5	172.8	138%
河道调蓄能力	1067	1285	20.4%
合计	1139.5	1473.8	29.3%

二、城区排涝风险水平

1. 主城区晋安河排涝风险水平

晋安河5年一遇水面线由5.26～7.86m降低至4.79～6.49m，最大降幅1.4m；晋安河10年一遇水面线由5.44～7.92m降低至5.01～7.28m，最大降幅0.7m；晋安河20年一遇水面线由5.86～7.98m降低至5.12～7.44m，最大降幅0.5m。

---

① 该项目实施时，按此标准执行，如今该标准进行修编，被《城市水系规划规范》GB 50513—2016替代。

2. 城区洪涝风险水平

目前高水高排未完工，山洪入城仍是重大威胁，其对晋安河流域洪涝风险水平的影响较大。但经过近几年的整治，总体排涝标准均有提高，晋安河流域上游和下游河道的排涝标准总体较高，大部分达到10～20年一遇（整治之前，局部为10年一遇，大部分不足5年一遇）；晋安河流域中游标准总体较低，晋安河基本达到10年一遇（整治之前，基本不足5年一遇）；五四河及其支流仅达到5年一遇（整治之前，基本不足5年一遇）；其余大部分河道基本达到5年一遇，东区如磨洋河、浦东河等，受限于高水高排工程的建设，暂时还未达到5年一遇。

第二节　黑臭治理

一、水质水环境

（1）河道水质：整治之前，主干河道共107条，其中黑臭水体43条，劣Ⅴ类50条，Ⅴ类9条，Ⅳ类5条；整治之后，黑臭水体全部消除。福州市现有的107条主干河道，在消除黑臭水质的基础上，已有46条河道水质主要指标可较稳定保持Ⅳ类水标准（其中Ⅰ类水1条，Ⅱ类水3条，Ⅲ类水10条，Ⅳ类水32条）；14条河道可达到Ⅳ类水标准虽不够稳定，但能稳定保持在Ⅴ类水标准；18条河道可稳定达到Ⅴ类水标准；6条河道还不能稳定达到Ⅴ类水标准，有时还是劣Ⅴ类水；17条河道目前还是劣Ⅴ类水，亟须提升。有3条已填埋换管，另有2条，晴天无水。各条河道整治之前水质和整治之后的水质如表7-2-1、表7-2-2所示。

福州市水系整治前水质情况统计表　　　　　表7-2-1

序号	河道名称	整治前水质情况
1	梅峰河*	黑臭
2	文藻河*	黑臭
3	泮洋河*	黑臭
4	三捷河*	黑臭
5	光明港二支河*（亚峰河）	黑臭
6	打铁港*	黑臭
7	达道河*	黑臭
8	大庆河*	黑臭
9	瀛洲河*	黑臭

序号	河道名称	整治前水质情况
10	红星河*	黑臭
11	琴亭河*	黑臭
12	茶园河*	黑臭
13	赤星溪*	黑臭
14	东郊河*	黑臭
15	竹屿河*	黑臭
16	磨洋河*	黑臭
17	浦东河*	黑臭
18	陈厝河*	黑臭
19	福兴河*	黑臭
20	新厝河*	黑臭
21	淌洋河*	黑臭
22	洋里溪*	黑臭
23	浦上河*	黑臭
24	金港河*	黑臭
25	台屿河*	黑臭
26	飞凤河*	黑臭
27	洪阵河*	黑臭
28	阳岐河*	黑臭
29	跃进河*	黑臭
30	半洋亭河*	黑臭
31	龙津河*	黑臭
32	龙津一支河*（先锋河）	黑臭
33	连通河*（江边河）	黑臭
34	跃进支河*	黑臭
35	马洲支河*（下厝河）	黑臭
36	吴山河*	黑臭
37	竹榄河*	黑臭
38	白湖亭河*	黑臭
39	牛浦河*	黑臭

续表

序号	河道名称	整治前水质情况
40	潘墩河*	黑臭
41	君竹河*	黑臭
42	文藻河*	黑臭
43	新透河*	黑臭
44	新店溪	劣V类
45	马沙溪	劣V类
46	厦坊溪	劣V类
47	解放溪	劣V类
48	杨廷溪	劣V类
49	汤斜溪	劣V类
50	汤斜溪支流（象峰河）	劣V类
51	崇福寺溪	劣V类
52	园后溪	劣V类
53	屏东河	劣V类
54	五四河	劣V类
55	琼东河	劣V类
56	白马河	劣V类
57	东西河	劣V类
58	光明港一支河（鳌峰河）	劣V类
59	陆庄河	劣V类
60	茶亭河	劣V类
61	洋下河	劣V类
62	桂后溪	劣V类
63	登云溪	劣V类
64	化工河	劣V类
65	凤坂一支河（鹤林河）	劣V类
66	凤坂河	劣V类
67	连潘河	劣V类
68	洋洽河	劣V类
69	横江渡	劣V类

续表

序号	河道名称	整治前水质情况
70	洪湾河	劣V类
71	红旗浦河	劣V类
72	东岭河	劣V类
73	港头河	劣V类
74	马洲河	劣V类
75	连坂河	劣V类
76	林浦河	劣V类
77	螺城河	劣V类
78	胪雷河	劣V类
79	石边河	劣V类
80	浚边河	劣V类
81	城门溪	劣V类
82	流花溪	劣V类
83	义序河	劣V类
84	浦下河	劣V类
85	螺洲河	劣V类
86	螺洲一支河（店前河）	劣V类
87	梁厝河	劣V类
88	马杭洲河	劣V类
89	清凉山排洪渠	劣V类
90	清富河	劣V类
91	燕浦及燕浦支河	劣V类
92	螺洲四支河	劣V类
93	龙津二支河	劣V类
94	湖前河	V类
95	芳沁河	V类
96	树兜河	V类
97	旧树兜河	V类
98	安泰河	V类
99	新西河	V类

续表

序号	河道名称	整治前水质情况
100	光明港	V类
101	晋安河	V类
102	义井溪	V类
103	龙峰河	IV类
104	华林河	IV类
105	铜盘河	IV类
106	屏西河	IV类
107	凤坂二支河	IV类

注：*代表为黑臭水体。

福州市水系整治后水质情况统计表　　　　　　　　表7-2-2

序号	河道名称	整治后水质标准	备注
1	登云溪	I类	
2	化工河	II类	
3	凤坂二支河	II类	
4	洪湾河	II类	
5	梅峰河	III类	
6	华林河	III类	
7	屏西河	III类	
8	赤星溪	III类	
9	竹屿河	III类	
10	陈厝河	III类	
11	洋里溪	III类	
12	横江渡	III类	
13	洪阵河	III类	
14	林浦河	III类	
15	马沙溪	IV类	
16	厦坊溪	IV类	
17	杨廷溪	IV类	
18	汤斜溪支流（象峰河）	IV类	

序号	河道名称	整治后水质标准	备注
19	光明港二支河（亚峰河）	Ⅳ类	
20	大庆河	Ⅳ类	
21	红星河	Ⅳ类	
22	龙峰河	Ⅳ类	
23	屏东河	Ⅳ类	
24	树兜河	Ⅳ类	
25	五四河	Ⅳ类	
26	白马河	Ⅳ类	
27	光明港一支河（鳌峰河）	Ⅳ类	
28	铜盘河	Ⅳ类	
29	陆庄河	Ⅳ类	
30	新西河	Ⅳ类	
31	琴亭河	Ⅳ类	
32	茶园河	Ⅳ类	
33	洋下河	Ⅳ类	
34	桂后溪	Ⅳ类	
35	凤坂河	Ⅳ类	
36	福兴河	Ⅳ类	
37	新厝河	Ⅳ类	
38	连潘河	Ⅳ类	
39	飞凤河	Ⅳ类	
40	阳岐河	Ⅳ类	
41	马洲支河（下厝河）	Ⅳ类	
42	泸雷河	Ⅳ类	
43	光明港	Ⅳ类	
44	晋安河	Ⅳ类	
45	流花溪	Ⅳ类	
46	文藻河	Ⅳ类	
47	琼东河	Ⅴ类	
48	泮洋河	Ⅴ类	

续表

序号	河道名称	整治后水质标准	备注
49	茶亭河	V 类	
50	达道河	V 类	
51	三捷河	V 类	
52	瀛洲河	V 类	
53	红旗浦河	V 类	
54	洋洽河	V 类	
55	浦上河	V 类	
56	龙津河	V 类	
57	白湖亭河	V 类	
58	芳沁园河	V 类	有时可达到 IV 类
59	安泰河	V 类	有时可达到 IV 类
60	东西河	V 类	有时可达到 IV 类
61	湖前河	V 类	有时可达到 IV 类
62	旧树兜河	V 类	有时可达到 IV 类
63	打铁港	V 类	有时可达到 IV 类
64	东郊河	V 类	有时可达到 IV 类
65	浦东河	V 类	有时可达到 IV 类
66	磨洋河	V 类	有时可达到 IV 类
67	台屿河	V 类	有时可达到 IV 类
68	东岭河（阳岐河与台屿河连接段）	V 类	有时可达到 IV 类
69	港头河	V 类	有时可达到 IV 类
70	浦下河	V 类	有时可达到 IV 类
71	君竹河	V 类	有时可达到 IV 类
72	江边河（龙津阳岐连通河）	劣 V 类	
73	先锋河（龙津一支河）	劣 V 类	
74	跃进河	劣 V 类	
75	半洋亭河	劣 V 类	
76	竹榄河	劣 V 类	
77	跃进支河	劣 V 类	
78	连坂河	劣 V 类	

续表

序号	河道名称	整治后水质标准	备注
79	螺城河	劣 V 类	
80	石边河	劣 V 类	
81	浚边河	劣 V 类	
82	螺洲河	劣 V 类	
83	螺洲一支河（店前河）	劣 V 类	
84	解放溪	劣 V 类	
85	汤斜溪	劣 V 类	
86	鹤林河（凤坂一支河）	劣 V 类	
87	淌洋河	劣 V 类	
88	新店溪	劣 V 类	
89	吴山河	劣 V 类	有时可达到 V 类
90	马洲河	劣 V 类	有时可达到 V 类
91	牛浦河	劣 V 类	有时可达到 V 类
92	潘墩河	劣 V 类	有时可达到 V 类
93	城门溪	劣 V 类	有时可达到 V 类
94	金港河	劣 V 类	有时可达到 V 类
95	新透河	已填埋换管	
96	济南河	已填埋换管	
97	龙津二支河	已填埋换管	
98	崇福寺溪	晴天无水	
99	园后溪	晴天无水	
100	梁厝河	V 类	
101	马杭洲河	V 类	
102	清富河	V 类	
103	燕浦及燕浦支河	V 类	
104	义序河	V 类	
105	义井溪	V 类	
106	螺洲四支河	V 类	

（2）污水处理厂进水水质

五座污水处理厂水质均提升了80%～100%，CODcr均由原来的不足120mg/L提升至200mg/L，其中金山污水处理厂进水水质已高达300mg/L，详见图7-2-1：

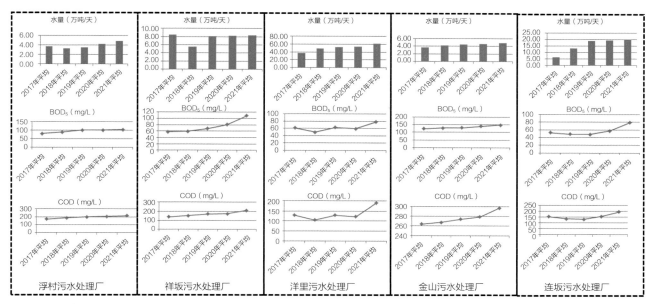

图7-2-1　五座污水处理厂进水量、BOD₅、CODcr浓度2017～2021年变化趋势图

　　对标国家《水污染防治行动计划》要求：到2020年，地级及以上城市建成区黑臭水体均控制在10%以内；到2030年，城市建成区黑臭水体总体得到消除。福州市已提前完成。

　　根据住建部、生态环境部发布《城市黑臭水体治理攻坚战实施方案》：2018年底，直辖市、省会城市、计划单列市建成区黑臭水体消除比例高于90%，基本实现长治久清。根据《2018城市黑臭水体整治示范城市申报指南》实施效果要求：建成区内全部黑臭水体消除，居民满意度不低于90%；水面无大面积漂浮物，无大面积翻泥。已经完成治理的黑臭水体中，功能和景观方面均有良好成效，基本达到水清岸绿、鱼翔浅底的要求。福州市已全部完成。

　　对标福建省要求：2018年底前福州市、厦门市城市建成区黑臭水体整治基本实现长治久清；2020年底前继续巩固整治效果，达到长治久清的比例保持在90%以上。福州市已提前完成。

二、水多水动

　　福州市内河主要通过沿江调水、纳潮引水、泵闸分流等提高河道水多水动，所有水多水动设施，除高水高排工程及仓山区的螺城补水泵站没建成外，其余已按照既定方案实施到位，各水系已建成各类补水推流设施76座，其中：江北53座（泵闸6座、补水泵站17座，配水闸30座）；江南23座（泵闸1座、补水泵站4座，分水钢坝闸18座）。水位除23条河道外，相较整治之前提高0.5～0.8m，河道流速除15条河道外，其余均在0.1m/s以上。

第三节　环境提升

一、蓝绿生态网络

结合城区水系综合治理，福州依托丰富的山水资源，以"环山、傍水、通公园"为总体思路，以"串山连水、走家串户"为实施要求，构建了独特的水—绿—城格局，按照蓝绿协同，构建了城市生态网络和休闲慢行系统的骨架，使得绿地层次体系更清晰，空间布局更均衡，500m见园的目标成为现实。

二、滨河慢行休闲系统

结合城区水系综合治理，福州以沿岸绿道为"串"，以有条件、可拓展的块状绿地为"珠"，串绿成线、串珠成链，在内河沿岸建成串珠公园379个，滨河绿道约680km，新建和提升公园绿地约200hm²，打造水清、河畅、岸绿、景美的内河景观。如今，老百姓走在福州滨河慢行道上，满眼的绿意与深深浅浅的花草相融，能切身感受到移步异景、人水共生的美丽画面。触手可及的绿，让福州老百姓享受到了"推窗见绿，出门见园，行路见荫"的美好人居自然环境。

三、重塑内河文化景观

福州是拥有2200多年建城历史的国家历史文化名城，各条内河蕴藏着不同的历史文化。本次城区水系综合治理，充分挖掘各条内河的历史底蕴，融合福州优秀传统文化、历史文化、名人名言等文化元素，与各条内河周边绿化和公园相结合，与福州旅游相结合，重新唤起古老东方水城的历史记忆，整体提升内河的生态文化内涵和价值。如：光明港、晋安河上具有福州特色的龙舟赛；安泰河两岸达官显贵和历史文化名人聚居，多有诗情画意和历史的厚重感；三捷河沿河的上下杭街区，具有浓厚的市井文化和商贸文化；打铁港达道河是福州古城主要的对外通商的内河河港，沿河分布有对外通商的历史遗存……

第四节　技术创新

一、内涝治理

1. 空间集约利用，满足多功能需求

（1）雨洪调蓄池与公交场站结合

为节约空间，本次利用公交场站停车场用地与雨洪调蓄池统筹一起建设，地上是公交立体停车场，地下一层是社会车辆停车场，最底下建设调蓄池。目前，斗门调蓄池为全国第二大单体调蓄池，池容为16万m³。该工程地上地下共10层，是一座功能复合型建筑，也是福州市目前唯一一个将调蓄池与公交停车场一体建设的立体停车场（图7-4-1）。

（2）内涝治理引入海绵城市建设理念

综合分析城市内涝成因，水利排水防涝设施落后和市政排水管网系统不完善以及系统设施运行管养问题是其直接影响因素，而整体排水防涝系统建设标准偏低则是根本原因。根据海绵城市试点建设目标要求，海绵城市建设应统筹低影响开发雨水系统、城市雨水管渠系统及超标雨水径流排放系统，三者相互补充、相互依存。

按此原则，像福州这样依山傍水又临海的滨海山水城市，就必须构建由微、小、中、大

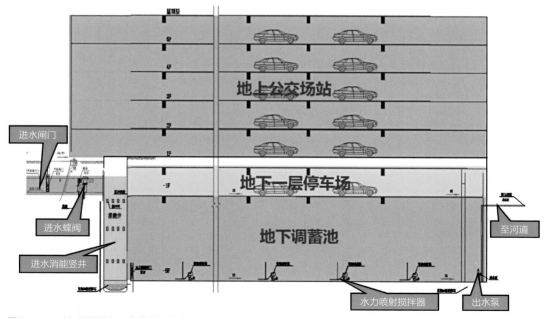

图7-4-1　斗门调蓄池与公交停车场竖向示意图

四个层次的排水（海绵）系统组成的生态排水防涝体系。微排水即微海绵：以低影响开发雨水系统为主的狭义海绵城市设施，用以控制75%的源头径流，对应的是海绵指标。小排水即小海绵：传统市政排水管渠系统，用以应对2～5年一遇的短历时降雨，对应的是排水标准。中排水即中海绵：内河，城区的湖泊、湿地、池塘、坑洼，道路行泄通道，以及配套的调蓄、净化、强排设施等，用以应对30～50年一遇的长历时降雨，对应的是防涝标准。大排水即大海绵：上游的水库、湖泊、洼地，高水高排设施、沿江堤防及排涝泵闸等排洪防涝设施，用以应对50年一遇的山洪和100～200年一遇的江洪，对应的是防洪标准。

　　只有系统科学地构建生态排水防涝体系，让微、小、中、大四个层次的排水（海绵）系统各安其位、各司其职，才能各自达到相应的排水、防涝以及防洪标准。本次按照海绵城市建设理念，福州市创新性地提出了城市生态排水防涝体系相关基本概念框架，如表7-4-1所示。

城市生态排水防涝体系基本概念框架　　　　　　　　　　　表7-4-1

系统	微排水（微海绵）	小排水（小海绵）	中排水（中海绵）	大排水（大海绵）
阶段	源头减排	过程控制	末端调节	终端消纳
领域	建筑排水	市政排水	城市防涝	城市防洪
理念	自然渗透	自然积存	自然净化	自然循环
范畴	水生态	水安全	水环境	水资源
目标	小雨不积水	大雨不内涝	水体不黑臭	热岛有缓解
内涵	狭义海绵城市设施（LID低影响开发）	市政排水管渠系统	内河，城区的湖泊、湿地、池塘、坑洼，路面行泄通道，以及配套的调蓄、净化、强排设施等	上游的水库、湖泊、洼地，高水高排设施、沿江堤防及排涝泵闸等防洪设施
标准	<1年（75%，24.1mm）源头径流控制指标	2～5年（123～171mm）雨水管渠设计重现期	30～50年（250～272mm）内涝防治设计重现期	山洪：50年 江洪：100～200年 城市防洪设计标准

注：微排水（微海绵）对应的是源头径流控制指标，即24.1mm的24小时长历时降雨量；小排水（小海绵）对应的是2～5年的雨水管渠设计重现期，即123～171mm的24小时长历时降雨量；中排水（中海绵）对应的是30～50年的内涝防治设计重现期，即250～272mm的24小时长历时降雨量；大排水（大海绵）对应的是50年一遇的防山洪设计标准，100～200年一遇的防洪设计标准。

　　因此，本次结合福州市城区水系综合治理，以福州作为国家第二批海绵城市建设试点城市为契机，通过源头建筑及小区海绵化改造、市政排水管渠系统改造、坑塘水系改造、上游水库及下游沿江防洪堤、排涝站的改造及提升，构建了微、小、中、大四个层次的海绵城市建设理念的排水防涝体系，大大提高了福州的排涝能力，减少了内涝风险。

（3）优化竖向设计，发挥公共空间的调蓄能力

本次结合城市绿地及周边竖向等，重新开挖建设了5座湖体和3座雨洪公园，扩建了1座湖体，新建的5座湖体分别为井店湖、涧田湖、温泉公园湖、晋安湖、义井溪湖，扩建的湖体为琴亭湖，雨洪公园分别为洋下海绵公园、斗顶雨洪公园、八一雨洪公园。本次湖体和公园建设，不仅强调公园内部的竖向设计，还强调与外围市政路网、建筑等的竖向设计，尽量让雨水快速入湖，同时挖潜公园湖体水域面积和库容，湖体的功能主要为雨天调蓄，晴天作为景观水体，调节环境中空气的湿度与温度，能够缓解热岛效应，改善小气候环境。通过以上湖体和雨洪公园的建设，近几年福州市增设雨洪调蓄空间250万m^3。

（4）建设路面雨水快排系统

福州市在本次内涝治理方面，构建了微、小、中、大四个层次海绵城市建设理念的排水防涝体系，按照"先地表、次浅层、再深层"的顺序，以"蓝绿结合""绿灰结合"的原则，提高城市排涝能力，本次结合福州市城区水系综合治理，创新性地提出了建设路面雨水快排系统。

路面雨水快排系统重点针对内涝风险区内的道路竖向设计，通过调整道路竖向设计，形成顺坡或平坡，构建路面快排系统，是增加路面雨水排放的另一个路径，用于排除超过雨水管网的超标降雨，即在超标降雨情况下，路面雨水能快速通过路面直接排入内河或其他排水通道，从而提高道路的排涝能力。按照《福州市主城区内涝治理系统化实施方案（2021—2025）》，福州市共布设249条路面快排系统，其中江北片区为221条，江南片区为28条。

2. 新型材料应用

本次在河岸治理方面，从安全、生态、环保、经济的角度考虑，创新性地采用较多的自然、生态、环保材料，如松木桩、仿木桩、生态框、植草袋。既能确保生态、美观、安全，又能加快施工进度，提高施工质量。

（1）松木桩

松木桩是用松木制作的木桩，主要用于处理软地基、河堤等，其原料为松木。松木含有丰富的松脂，而松脂能很好地防止地下水和细菌对其的腐蚀，有"水浸万年松"之说，所以松木桩适宜在地下水位以下工作。但对于地下水位变化幅度较大或地下水具有较强腐蚀性的地区，则不宜使用松木桩。著名水利工程——灵渠的基础处理即采用了松木桩。采用松木桩加固的软土地基属于复合地基。复合地基由天然地基土和桩体两部分组成。松木桩复合地基同其他复合地基相比，除桩的材质不同外，其余均有相似之处，其加固肌理：一是桩体的支撑作用：松木桩复合地基以松木桩取代了与桩体体积相同的低模量、低强度土体，在承受外荷时，地基中应力按桩土应力比重新分配。应力向桩体逐渐集中，桩周土体所承受的应力相应减少，大部分荷载由松木桩承受。由于桩的强度和抗变形能力均

优于土体，故而形成后的复合地基承载力、模量也优于原土体，从而达到减小变形、提高承载力的效果。二是挤密作用：松木桩施工时，采用锤击打入，桩孔位置原有土体被强制侧向挤压，使桩周一定范围内的土层密实度提高，起到挤密作用。松木桩复合地基在施工中对桩间土体的挤密作用，使桩间土密实，从而使桩间土的承载力得到提高，压缩性降低（图7-4-2）。

（2）仿木桩

现代河道已不仅有"泄洪、排涝、蓄水、引清、航运"等基本功能，还应具有"景观、旅游、生态与周边环境呼应"等功能。而生态仿木桩作为河道护岸满足对河道拥有自然景观的要求已是大势所趋。水泥仿木桩主要应用于河道生态驳岸，河道护坡挡土等，提升河道整体景观，保护自然生态环境（图7-4-3）。

图7-4-2　河道松木桩实景图

图7-4-3　河道仿木桩实景图

仿木桩有以下几个优点：

①提升河道整体景观，美化环境。

②仿木桩比实木更坚固耐用，具有不腐不烂、抗风化等重要优势。仿木桩规格尺寸可根据需求定制，生产快捷、方便。

③河道岸边挡土，仿木护岸桩和挡土墙配合使用，可以保护河堤安全，保护水环境。

④防水、防潮。木质产品在潮湿和多水环境中吸水受潮后容易腐烂、膨胀变形，而仿木产品可以在传统木制品不能应用的环境中使用。

⑤防虫、防白蚁。仿木桩可以有效杜绝虫类骚扰，延长使用寿命。

⑥风格多样，可供选择的颜色也多。仿树皮仿木桩可以做到天然木质感和木质纹理效果。

（3）生态框

河道生态框是由很多个单独的混凝土生态框相互拼装在一起的矩阵框，植被在混凝土河道生态框的预孔中进行生长，河道生态框的整体耐用性和稳固性得到大幅度提高，预留的开孔部分同时起到了渗水和排水的作用。河道生态框是一种结合绿化和美化功能的新型产品，它采用特殊材料制作而成，能够有效保护土壤和植物的生长环境，提供良好的生态保护效果（图7-4-4）。

（4）植草袋

植草袋也叫生态袋，主要用于生态修复和环境保护，是利用人工造土工布料制成的生态袋，让植物在装有土壤的生态袋中生长，从而达到修复生态和保护环境的作用。植草袋能够起到锁住土壤和防止部分水分流失的作用，还可以使草种能够非常好地接触地面，植草袋层层相叠，能够起到很好的固定作用，同时植草袋时间越久，对护坡而言会更加牢固（图7-4-5）。

图7-4-4　河道生态框实景图

图7-4-5　植草袋实景图

二、黑臭治理

1. 截流设施改进更新

本次截流设施从传统鸭嘴阀、拍门全部提升更新为多功能下开式堰门、旋转堰门等。

（1）传统鸭嘴阀、拍门工作原理

传统鸭嘴阀工作原理：鸭嘴阀安装在排水管出口，主要是根据压强的变化防止回流，正向水流可以通过，反向水流不能倒回管道的内部。理论上，鸭嘴阀阀嘴在自然状态下是闭合的，如果内部有很小的水头就能够冲开阀嘴，这主要利用了橡胶材质的高弹性特点。但是外部的水想要倒灌进入管道内部是非常困难的，因为从鸭嘴阀外部阀体受力分析可知，外部水压越大，阀嘴就越紧闭，密封就越良好。

传统拍门工作原理：拍门安装在排水管出口，是一种单向阀，当江河水位高于出水管口，且压力大于管内压力时，拍门面板自动关闭，以防江河水倒灌进排水管道内。当管内水压大于管外水压时，拍门面板打开，管内水排入江河。

因此，鸭嘴阀和拍门用于截流井的溢流口上，通过溢流口内水位和河道水位的高差，来控制鸭嘴阀和拍门的关闭和开启。晴天时，河道水位高于溢流口水位，鸭嘴阀和拍门处于关闭状态，防止内河水倒灌入截流井，从而反倒灌入市政污水管；雨天时，一旦溢流口水位高于河道水位时，鸭嘴阀和拍门打开，截流井和管道中的雨水排入河道。但在日常运行中，由于截流系统截流的是晴天污水和初期雨水，这部分水杂质很多，会堵塞鸭嘴阀和拍门的阀口，导致这两种防倒灌设施密封性降低，从而影响截流系统的正常运行（图7-4-6、图7-4-7）。

图7-4-6　鸭嘴阀

图7-4-7　拍门

（2）下开式堰门工作原理

下开式堰门的工作原理：控制系统通过超声波液位传感器对上下游水位进行检测，同时采集堰门的开度位置信号并进行计算后，根据事先设定的水位状态控制指令驱动油缸工作，精准控制堰门的上升与下降。在停电情况下，液压缸会自动施压，堰门转成重力控制，堰门由不锈钢和混凝土制成，向下重力较大，可自动通过重力开启，不影响排洪（图7-4-8、图7-4-9）。

（3）旋转堰门工作原理

旋转堰门（液压自动堰）的工作原理：旋转堰门受超声波液位仪控制，堰后液位仪检测河道水位，保证自动堰高始终高于外部河道液位（最高堰高受堰门高度限制），保证雨水的顺利排放，并防止河水倒灌。当河道液位低于管底时，自动堰处于最低位置至管底齐平高度，雨季不影响雨水泄洪；也可根据要求设定堰高度，从而保证旱季污水截留效果，或雨季

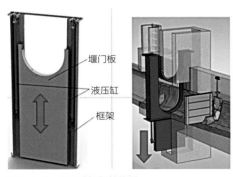

图7-4-8　下开式堰门结构图

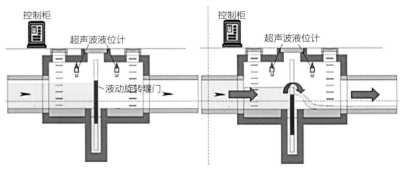

图7-4-9　下开式堰门工作原理图

初期雨水截留效果。当外部河水水位高于管底时，堰顶高度在液压作用下提高，直至高于外部河水水位，防止河水倒灌（图7-4-10、图7-4-11）。

2. 截污系统自成系统

本次结合福州市城区水系综合治理，沿河建设了截污系统，截污系统以流域为单元，以内河水质达标为要求，依据年降雨量、排口水质结合水质水环境模型，测算截流系统大小，核定调蓄池容积，截流系统均自成系统，同时根据截流污水的水质浓度，考虑是否就地分散处理。本次新建截污系统与旧有截污系统的区别如下：

1）旧有截污系统，是对沿河晴天排污口进行整合后，通过管道直接接入市政污水管，有以下缺点（图7-4-12）：

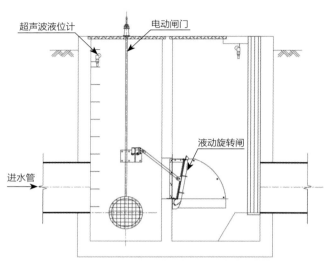

图7-4-10　旋转堰门井构造图

图7-4-11　旋转堰门构造图

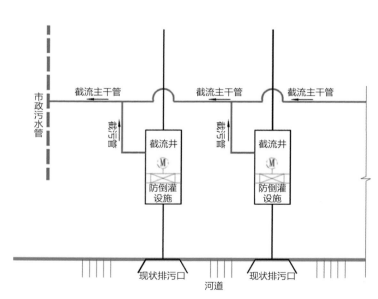

图7-4-12　旧有截污系统示意图

（1）截不住：未考虑河系两侧的拆迁，河道两侧无空间的，将截污管埋设于河底，导致存在部分河水倒灌、清水插队。

（2）送不走：市政污水管高水位（满管），截污管截流的污水无法进入市政污水管。

（3）控不住：由于防倒灌（拍门、鸭嘴阀等）设施问题，出现内河水倒灌，污水处理厂进水水质浓度变低。

2）本次新建截污系统，具有以下优点（图7-4-13）：

（1）截得住：沿河两侧均有至少6m的空间，确保截污管能敷设在岸上。

（2）送得走：本次截污系统以流域为单元，各截污系统自成系统，若水质浓度达到纳管要求，通过末端调蓄提升入市政干管，若水质浓度达不到纳管要求，通过净化处理设施处理达标后排入内河。

（3）控得住：本次防倒灌设施全采用多功能截污设施，主要为下开式堰门、旋转堰门等，既保证晴天河水倒灌，又保证雨天快速排涝。

3. 排水管材及相关设施质量提升

本次排水管材，小于或等于DN800mm的全部采用球墨铸铁管，大于DN800mm的原

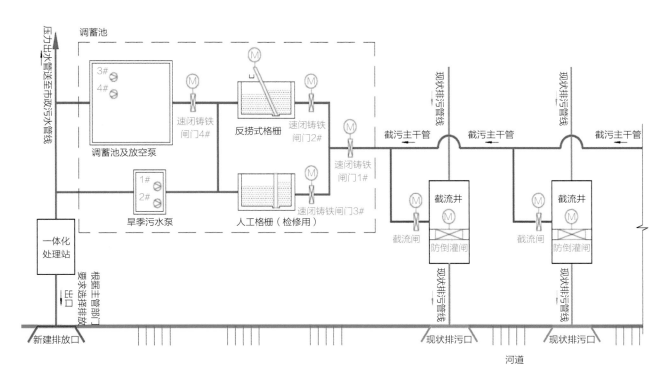

图7-4-13　新建截污系统示意图

则上采用顶管施工，开挖施工的，采用Ⅲ级钢筋混凝土管，检查井采用预制装配式钢筋混凝土检查井（图7-4-14~图7-4-16）。

4. 清水插队解决途径

本次结合福州市城区水系综合治理，对施工工地井点降水采用了新的处理方法，很好地解决了井点降水（清水）进入市政雨污水系统的问题，原来施工工地井点降水直接排入雨水管或者污水管，从而影响污水处理厂进水水质浓度。本次施工工地井点降水借鉴武汉经验，规范了具体做法，施工工地井点降水（尤其是地铁站点施工、大型基坑施工等）推行"小蓝管"独立系统直接排河（图7-4-17~图7-4-20）。

5. 注重源头雨污和清污分流的排查工作

源头雨污分流，福州市历年来都在按计划持续推进，但实施效果不太理想，其主要原因为对源头排水户类型、污水来源、排水户排放的水量和水质没有深入调查。

图7-4-14　球墨铸铁管

图7-4-15　Ⅲ级钢筋混凝土管　　　　　图7-4-16　预制装配式钢筋混凝土检查井

图7-4-17　小蓝管现场安装完成后效果

图7-4-18　小蓝管管道加工过程　　　　　　　　　　图7-4-19　小蓝管设备、管道现场安装图

图7-4-20　小蓝管排水效果图

　　因此，本次结合福州市城区水系综合治理，以及福州市城区排水管网改扩建（修复）工程、老旧小区改造工程等项目深入摸清福州市建成区排水户的类型、污水来源和存在的具体问题，为后期源头雨污分流和清污分流工作制定科学的方案提供了可靠的基础资料（图7-4-21）。本次排查工作有以下创新点：

　　（1）排查区域划分

　　对供水单元、行政社区、排水流域要素进行归总，形成纳污工作总图，制定工作计划，分片实施，通过排查一片，改造一片，收集一片，分阶段逐步完成污水全排查、全接

图7-4-21 排查区域划分图

驳、全收集工作，并合理布设水质监测点定期检测，掌握治理成效。

（2）排查方式

采取正向排查和逆向排查相结合的排查方式，查清全部排水户性质、排水水量、排水去向，全面建立排水信息档案，为全面纳污提供数据支撑。

①正向排查

正向排查由各区政府负责，按行政区域划分，以村委会、居委会为最小单位，分片区设立片区长，定人、定岗、定责，网格化进行摸底排查，摸清排水户内部排水管线，确定排水户的排水量、排污口、雨水口及与市政雨污水管的接驳情况；信息全部纳入市联排联调中心信息系统。

②逆向排查

逆向排查由福州市住房和城乡建设局牵头，市水务管网公司具体负责，以沿河雨水口汇水区域为最小排查单元进行深度排查，根据雨水排口晴天是否有污水排出，结合正向排查结果，沿道路依次开雨、污水井盖检查排水户接驳口，追溯混接口。采用信息化手段，完成定位、资料上报、入库归档等工作，信息全部纳入福州市联排联调中心信息系统。

（3）源头纳污方案

①分析：福州市住房和城乡建设局（联排联调中心）牵头，组织福州市规划设计研究院、水务集团对排水户排查资料进行分析，梳理相关问题并制定源头纳污方案。

②改造：由各建设单位根据制定的源头纳污方案组织对排水户外网进行截污改造。

③验收：根据《给水排水管道工程施工及验收规范》GB 50268—2008组织验收，进行CCTV检测、管线竣工修测并建档入库。

（4）信息化管理

将排水户排查建档、排水户源头纳污及水质水位监测等工作进行信息化动态管理。

①开发：由市水务集团负责，针对源头污水开发适用于排水户管控的手机应用程序信息化系统，实现所有排水户纳入"一张网"管理。

②应用：对排水户动态变化予以实时监控，及时反馈排水户信息，实现源头水质水量管控。

③更新：市水务集团负责对排水户管控应用程序中的排水户信息予以实时更新。

6. 智慧水务联排联调

基于物联网监测体系的智能调度，通过水系流域分区、管网网格化、布设在线监测系统，将污水处理厂、雨污管网、截流井、调蓄池、河道进行统一智慧化、信息化管理，实现"河、湖、库、闸、站、管、厂"的统一调度，实现"污水全收集、河水不入厂"，全面提升水环境。

第八章

典型案例

一、光明港

光明港是福州市主要的潮汐型排洪河道，是江北片区最末端的河流，呈东西走向。

1. 河道基本情况

光明港西起新港水闸，东至魁岐九门闸，是福州市东西走向水域面积最大的主干河。全长6.5km，河岸线宽50～140m，枯水期水深1m。光明港西侧的新港河，北侧的晋安河、连潘河、凤坂河、浦东河、磨洋河均汇入光明港后，最终通过九孔闸排入闽江。光明港沿线有新港水闸、连潘水闸、凤坂水闸、远洋水闸、远东水闸、上岐水闸、九门闸和4座主干桥梁（图8-1-1）。

图8-1-1　光明港位置示意图

2. 河道存在的问题

（1）河道水环境现状及存在的问题

①排污口及排入河道现状

排入光明港主河道的内河主要有以下几条：晋安河、连潘河、凤坂河、浦东河、磨洋河、光明港一支河、光明港二支河。通过调查，光明港主河道两侧共有出水口364个，其中晴天污水排出口39个。晴天排污口中，出水管管径最大为$DN1800mm$，最小为$DN200mm$，暗渠最大为$B \times H=1000mm \times 1000mm$，最小为$B \times H=600mm \times 300mm$，出水口标高范围为$2.65 \sim 6.13m$。

整体光明港水质为Ⅴ类。

②污染现状及存在的问题

光明港两岸现状主要分布着新村、居住小区、公园、仓储物流公司、棚户区以及少量工厂。随着河道两岸城市更新改造的进行，光明港沿岸新建了大量公园，以及新建居住小区，这部分新建区域均采用了雨污分流的排水方式，大部分污水管道已接入周边市政污水管，因此排入河道的排水口基本为雨水排放口。目前，对光明港污染较为严重的主要是棚户区域及工厂区域。整体来讲，光明港作为福州市最大的感潮河道，河道水体随着潮汐变化而进行更新，因此整体水质相对较好。目前，对光明港水质污染最严重的主要是未经整治的内河污染河水排入，以及沿岸棚户区直接排放的污水及垃圾。

③河道淤积情况及存在的问题

光明港作为福州主要河道之一，北部连接着多条内河，南部直接排入闽江，河道水量充沛。但由于河道较宽，面积较大，排入闽江的出口都建设有防洪水闸，形成类似于内部湖体的状态，因此水的流速较慢。再加上两岸棚户区清倒的垃圾以及北部内河排入的淤泥，使得光明港两侧岸边有较大程度的淤积。河道两侧在此前没有进行较好的清理工作，河道整体的河底淤泥慢慢增厚，造成河道中部也存在不同程度的淤积。

（2）驳岸及水利设施现状及存在的问题

经现场调查，光明港河岸线较长，两岸存在多种驳岸情况，包括新建的条石砌直驳岸、老旧的石砌直驳岸、简易的块石驳岸以及自然的土体驳岸。

光明港沿线驳岸大部分为干砌驳岸，驳岸的整体亲水性不强，破坏了河道应有的生态系统。河道驳岸为石砌直挡墙，高度多为$2 \sim 4m$，形成"三面混凝土围护"的河槽，给人感觉生硬，隔断了河道自身的生态过程，失去生机，成为单一、呆板的泄洪水渠。在进行水利工程设计时缺乏景观考虑（图8-1-2）。

（3）滨水公园景观建设现状及存在的问题

滨水公园缺乏亲水空间，致使河流未能充分发挥应有的环境、生态和景观功能。部分河

图8-1-2　光明港现状

道沿岸绿化密集，景观视线通透性不好，河岸亲水性不强。虽然有的河段两侧有一些沿河带状公园绿地或防护景观绿地，但缺乏统一的管理，绿地可利用率大大降低，削弱了河道景观美感。另外，由于滨河空间局部被各类用地蚕食，滨河公园绿地无法组织完全贯通的滨河步行道，无法体现滨河带状公园的连续性。

　　总体上，光明港沿线均有30～80m宽的绿化带，居住用地两侧的绿化带较宽，同时辅有简单的公园设施。商业建筑两侧绿化较窄，有些甚至临河而建。光明港沿线有大树和良好的生态基础，主要植物有：榕树、刺桐、洋紫荆、木棉、白千层、蒲葵、羊蹄甲、红绒球等。

　　（4）交通组织和管线建设现状及存在的问题

　　光明港沿线的滨水步道全部打通。光明港沿线4座主要桥梁，沿线桥梁净高均超过2.5m，均达到通航要求（表8-1-1）。

　　河道上的过河市政管线类型主要有：电力、电信、给水、煤气。由于内河上的桥梁无法在人行道板下为所有管线设置专用过河通道，因此河道上过河管线多且杂乱无章，也严重影响河道防洪排涝的功能和河道景观。

　　（5）光明港规划蓝线与绿线分析

　　光明港规划河道蓝线80～150m、规划绿线40～120m。规划蓝线、绿线与现状的河道边线均有一定的冲突，建议结合场地实际情况，沿线已建设小区或者已征地块按照绿地

光明港沿线4座主要桥梁基本情况一览表　　　　　表8-1-1

河道名称	桥梁名称	桥宽（m）	桥底净高（m）	通航要求	备注
光明港	光明港路桥	45	4.2	满足	车行桥
	长乐南路桥	42	6	满足	车行桥
	连江中路桥	44	6	满足	车行桥
	福光南路桥	55	6	满足	车行桥

6～8m进行整治，真正做到因地制宜，合理利用，综合开发。

3. 建设条件综合分析（表8-1-2）

光明港建设条件综合分析表　　　　　表8-1-2

分析内容	通航能力	滨水通达	绿化景观	建筑景观	水环境质量	总体评价
第一段：与晋安河交叉口—连江中路桥	水深、水宽均满足通航要求，沿河桥底净高均超过4m，满足大型游船通航要求	北侧滨水步道通达，南侧为棚户区和大片工地厂房，目前无法通行	北侧绿化景观较好，且绿化带宽达到30m以上，沿线有光明港公园、亚锋公园等绿化公园	南岸为大量棚户区，建筑景观混杂	Ⅴ类，局部段劣Ⅴ类，水质较差	北岸景观较好，南岸需整治
第二段：连江中路桥—福光南路桥				两岸较多新建住宅楼，点缀工业遗址，景观多元		水上项目开发较有潜力
第三段：福光南路桥—九孔闸		目前滨水无路可通	目前基本没有绿化基础	北岸滨水低层建筑与远处鼓山相呼应，景观视廊非常好	在水质治理的前提下，光明港流域水上项目开发可行性较强，岸上旅游项目近期以北侧为主	鼓山入港，北岸是观光休闲的理想场所

4. 整治思路

（1）以满足防洪排涝为前提

纳入城市内河网络体系，综合制定内河的防洪排涝措施，需满足防洪排涝要求，但是应防止单方面通过加大河道断面的形式解决防洪排涝问题。

（2）以改善水质为首要步骤

在满足内河防洪排涝功能的前提下，通过对内河水质生态环境的综合治理、河道及其两岸街区景观的开发建设，恢复河道的各项功能，实现水系水体不黑臭、河道排洪顺畅。

（3）以空间开发和合理利用为基本准则

内河周边地块与城市功能的顺畅过渡和联系，考虑长远的开发利用和可持续发展，合理地处理内河周边城市空间的各项资源，整体提升土地潜力。

（4）以改善人居环境为基本任务

优化沿河的水质、空气质量，改善居住条件和交通条件，增加开放空间和完善的步行系统，整体提升沿线的生活水平，以此进一步促进内河的整治。

（5）以历史文化内涵挖掘为亮点

结合文化的发展，拓展其内涵，通过内河的特色空间与城市形象的有机结合，打造福州的特色形象。

（6）以串联生态和休闲廊道为重要途径

沿岸景观和城市建设浑然一体成为城市旅游的热点，恢复福州山水城市的特色风貌。

（7）以凸显山水城市、历史文化名城，提升海西中心城市形象为最终目标

充分体现福州山水城市和历史文化名城的发展特色，同时加强旧城区的城市复兴，提升福州城市的综合实力。

5. 整治内容

（1）清淤工程

由于光明港为福州市主要排洪河道之一，因此，本次清淤采用不断水湿式清淤方式。通过绞吸式挖泥船进行清淤，将清淤后的淤泥灌装至下游的污泥处置场，先通过筛分进行分离，分离出来的砂作为建筑材料进行二次使用，淤泥晒干后作为透水砖的部分原材料进行加工。光明港清淤，总计划清淤量为80万m³（图8-1-3）。

图8-1-3 光明港清淤现场

（2）截污工程

光明港两侧共有出水口264个，其中有47个晴天污水排出口。出水管管径最大为DN1800mm，最小为DN100mm，暗渠最大为$B×H$=1000mm×1000mm，最小为$B×H$=300mm×600mm，出水口标高范围为2.56～6.13m。

光明港河道较长，据统计，河道晴天污水排水口较少，总体上排入河道的污染源是两侧内河（包括晋安河、连潘河、凤坂河、浦东河、磨洋河、光明港一支河、光明港二支河）河水，以及两岸居住区（包括生活小区和棚户区）和公建的生活污水。由于光明港水面很宽，光明港整体水质较为浑浊，但不会发黑发臭。

光明港截污工程主要针对市政道路雨水干管混接的污水，以及接自绿线外地块埋深较大的混接管道。因此，光明港截污主要是将埋深较大的晴天有污水排出的市政雨水管道进行截污，提升接入市政污水管。

（3）驳岸工程

光明港为防洪河道，两侧岸线已按水利要求及排涝标准实施到位，本次未对驳岸进行重新建设，只是对局部破损驳岸进行修复。

（4）景观工程

本次结合光明港绿线范围内的空地进行景观和休闲空间的挖潜，主要从慢行步道贯通、休闲空间打造、绿化、花境、美化方面进行整个景观提升。

6. 整治后效果

通过以上清淤、截污、驳岸、景观工程的实施，光明港整治后的水质、驳岸、景观、园路的品质效果均得到了很大的提高，取得了较好的整治效果（图8-1-4～图8-1-11）。

图8-1-4　整治前水质情况

图8-1-5　整治后水质效果

图8-1-6　整治前直立式驳岸

图8-1-7　整治后生态驳岸

图8-1-8　整治前景观效果

图8-1-9　整治后景观效果

图8-1-10　整治前园路效果

图8-1-11　整治后园路效果

二、晋安河

晋安河是城区最长的主要行洪河道，也是具有历史文化意义的河道。

1. 河道基本情况

晋安河位于福州市江北片区的中轴线上，河道呈南北走向，北起琴亭湖公园，南至光明港，全长6.75km，河道宽度为26～56m，沿线主要以居住、商业服务、公园绿地、空地为主。该河道汇水面积约5.78km²，晋安河是福州南北走向最长，也是历史最悠久的内河，与光明港连通，是重要的南北水路交通干道和景观廊道（图8-2-1）。

图8-2-1　晋安河位置示意图

2. 晋安河整治历程

20世纪80年代中期，主要以清淤、驳岸工程为主，确保城区行洪安全。

2000年初，以引水清淤为主，确保晋安河水质及行洪安全。

2011年，以沿河两岸景观提升为主，沿河晴天排水口进行简易截污处理，确保"水清、岸绿、景美"。福州市城区内河综合整治工程荣获"2012年中国人居环境范例奖"，晋安河为当年内河综合整治工程之一。

3. 河道存在的问题

（1）水环境质量

①沿河合流出口现状

由于晋安河为福州市晋安片区内河的主要补水通道，其水质相对较好。但由于与晋安河相连的14条其他内河，如洋下河、茶亭河和茶园河，由于自身水质情况相对较差，因而在与晋安河的交叉口处，晋安河水质也相对较差。加上沿线居民区和餐饮业较多，直排晋安河的生活污水和未经隔油处理的餐饮废水较多，浮油和固体污染物随水而漂浮，影响河面美观。另，由于河道底部淤泥有机质较多，容易上浮，呈深黑色，伴有恶臭味。

②水质现状

环境监测部门定期监测结果显示，晋安河主要污染检测项目有高锰酸盐指数、生化耗氧量、氨氮等，以地表水Ⅴ类标准对照，全年达标率约为89.7%，晋安河常年水质状态为去除黑臭的水质，但总体水质为地表水Ⅴ类标准。

（2）驳岸及水利设施现状

内河沿线驳岸大部分建于20世纪80年代，其中干砌驳岸占大部分，驳岸的整体亲水性不强，破坏河道应有的生态系统。对于一些历史性河道段落的驳岸，没有得到较好的保护，新修建的河道驳岸均采用简单的工程做法，对沿线的历史风貌破坏较大。河道驳岸为石砌直挡墙，高度多为2~4m，形成"三面混凝土围护"的河槽，给人感觉生硬，隔断了河道自身的生态过程，失去了生机，成为单一、呆板的泄洪水渠，在进行水利工程设计的时候缺乏景观考虑。

（3）沿线景观现状

晋安河沿线滨水公园缺乏亲水空间，致使河流未能充分发挥应有的环境、生态和景观功能。部分河道沿岸绿化密集，景观视线通透性不好，河岸亲水性不强，需要结合景观规划进行有效地梳理。总体上，晋安河沿线均有3~8m宽的绿化带，居住用地旁的绿化带较宽，同时辅有简单的公园设施。商业建筑两侧绿化较窄，有些甚至临河而建，如湖东路桥至温泉支路桥段西侧，福马路至福新路段西侧。

晋安河沿线的绿化景观不统一，植物配置混杂，主要植物为榕树、刺桐、洋紫荆、木棉、白千层、蒲葵、羊蹄甲、红绒球等，无法形成统一的景观效果。但整体上晋安河沿线有大树和良好的生态基础，为下一步的绿化提供了前提条件。

（4）沿线建筑风貌现状

晋安河沿线建筑外立面风格、色彩丰富多样，但是对于特定的历史型河道，两岸的建筑与周边区域地块建筑不协调。部分河段沿线建筑形态凌乱，空间格局复杂。因不同年代开发，沿线建筑质量参差不齐，河道沿线附近大型开放空间可视性差，人行空间、街道、广场和绿化未能很好地与河道空间相结合。由于水质、桥梁等原因的限制，河道内无法满足水上游览及通航要求。

（5）周边街区及地块开发情况

除部分河段旁已建成了带状绿地外，晋安河沿线用地以居住用地为主，少量商业和公共设施用地，城市化风貌较浓。琴亭湖至北环中路东侧分布大量城中村，拆迁难度较大，建筑质量较差，再加上周边居民对房屋的随意搭盖，将公共空间占为己有，严重影响了河道整体景观与环境品质。

沿线土地利用较不科学，部分河段仍存在工业用地，对周边整体环境影响较大。晋安河沿线可开发用地主要集中在东侧晋安区，除洋下、浦下、王庄旧屋区改造项目外，剩余大部分可开发用地已收储。

沿线断面大体有三种形式：

①道路—绿地—河道—绿地—道路；

②建筑—绿地—河道—绿地—建筑；

③建筑—河道—建筑。

（6）交通组织和管线现状

晋安河段沿线有部分节点因建筑临河而建影响了滨水通行的连续性，目前不连续的路段包括：湖东路桥至温泉支路桥段西侧，福新中路桥至福马路桥段西侧，福马路桥至王庄路桥东侧。根据目前建筑拆迁量来看，建议除了湖东路桥至温泉支路桥段西侧以外，晋安河沿线的滨水步道全部打通。沿线16座桥梁有部分阻水，降低了晋安河的防洪排涝能力。

项目涉及河道上的过河市政管线类型主要有：电力、电信、给水、煤气和温泉。由于内河上的桥梁无法在人行道板下为所有管线设置专用过河通道，因此河道上过河管线多且杂乱无章，也严重影响了河道防洪排涝功能和河道景观。

（7）晋安河规划蓝线与绿线分析

晋安河规划河道蓝线35～55m、规划绿线6～8m。规划蓝线、绿线与现状的河道边线均有一定的冲突，建议结合场地实际情况，沿线已建设小区或者已征地块按照绿化6～8m进行整治，真正做到因地制宜，合理利用，综合开发。

（8）晋安河沿线总体评价

晋安河现状总体评价和沿线桥梁相关情况如表8-2-1、表8-2-2所示：

晋安河现状总体评价表　　　　　　　　　　表8-2-1

区段项目	东浦路—华林路	华林路—塔头路	塔头路—国货路	国货路—光明港
驳岸现状	两侧驳岸比较完整，为条石平铺硬直驳岸	两侧驳岸比较破旧，为条石斜砌硬直驳岸	两侧驳岸相对较完整，为条石斜砌硬直驳岸	两侧驳岸完整，为条石平铺硬直驳岸
淤泥垃圾	东浦路桥下、华林路桥下垃圾、淤泥较多	河床较低，部分河床露底	河道垃圾、淤泥较少	河道垃圾、淤泥较少
滨河绿化	已有一定绿化基础，绿化景观还缺乏层次，比较单调，需要提升	绿化基础较好，绿化景观缺乏层次，比较单调，需要提升	绿化基础较好，尤其是晋安河公园、福新路至王庄路段绿化景观较好	两岸绿化基础较好
沿河管线	驳岸两侧没有架设管线，北二环路南侧、华林路桥旁有跨河管线	驳岸两侧架设温泉管线错综复杂	驳岸两侧架设温泉管线错综复杂，管线捆绑在跨河桥梁上	两侧管线较少

晋安河沿线桥梁相关情况统计表　　　　　　　表8-2-2

河道名称	序号	桥梁名称	桥宽（m）	桥底净高（m）	桥梁景观形象	通航要求
晋安河	1	东浦路桥	21	3.3	一般	满足
	2	嘉禾花园北面桥	30	3.2	一般	满足
	3	融桥一区北面桥	35	3.2	一般	满足
	4	电建路桥	35	4.5	一般	满足
	5	北环中路桥	50	5.7	一般	满足
	6	华林路桥	45	2.5	差	满足
	7	福圆花园北石拱桥	21	3.2	一般	满足
	8	温泉公园路桥	20	2.7	差	满足
	9	湖东路桥	45	3.7	一般	满足
	10	温泉支路桥	18	3.8	差	满足
	11	东大路桥	40	3.7	差	满足
	12	福新中路桥	40	4.1	一般	满足
	13	福马路桥	45	3.8	一般	满足
	14	王庄路桥	21	3.7	一般	满足
	15	国货西路桥	42	4.2	一般	满足
	16	文博路石桥	18	4.2	一般	满足

4. 整治思路

通过对晋安河岸上岸下及周边街区、地块的分析，拟通过晋安河综合整治工程，从截流系统改造、河道清淤、驳岸改造、景观改造、桥梁改造、建筑立面整治等几个方面入手，改善晋安河水系的水质，提高防洪排涝能力，优化晋安河沿岸人居环境和景观，改善城市开放空间和步行空间体系，优化城市生态廊道，强化山水城市的水系格局，发掘历史河道的文化内涵。整个设计及建设遵循以下四个原则："以人为本"原则、整体性原则、保留传统和地方特色原则、经济性与高效性相结合原则。

5. 整治内容

（1）截流系统改造

晋安河沿线共有82个排口，2011年内河综合整治时，已在沿线建有较为完善的截污系统，但由于截污系统缺乏常态化管养，大部分截污设施已损坏，污水直排晋安河，又加上部分截流井采用已被淘汰的鸭嘴阀和拍门作为防倒灌设施，已不符合最新的晴天防污水入河和防河水倒灌功能。另外，原有的截流设施未考虑排涝功能。本次整治内容，主要对82个排口的截流设施及截流系统进行更新和提升，确保污水不入河，河水不倒灌，其主要整治内容为：

①将非低洼地区原有截流井的鸭嘴阀和拍门改为上开式闸门。

②对存在内涝区域的排口，结合绿化景观改造，拆除原有的截流井，将其选址重建，截流设施考虑下开式闸门+泵站提升抽排。

（2）河道清淤工程

本次清淤的晋安河是福州市主要航运通道和景观走廊，不能截断或进行干塘施工，因此清淤疏浚方式应采取湿式清淤方式。本次清淤工程主要目的之一是清除河道底部淤泥，改善基底污染程度，改善水环境，清淤时最好将半悬浮状淤泥清除。

根据河水、底泥污染及砂石堵塞现状等因素，本次选用绞吸式挖泥船进行清淤（图8-2-2、表8-2-3）。

本工程采用平行断面法计算河道清淤总量。

计算公式如下：

$$V = \sum_{i=1}^{i=n-1} V_i$$

$$V_i = L_i \times S_{均i}$$

$$S_{均} = \frac{S_i + S_{i+1}}{2}$$

图8-2-2　绞吸式清淤船现场

式中：V——计算范围内的总淤积量（m^3）；

$\quad\quad V_i$——i断面与$i+1$断面之间计算区域的淤积量（m^3）；

$\quad\quad n$——计算断面总条数；

$\quad\quad L_i$——i断面与$i+1$断面之间的平均距离（m）；

$\quad\quad S_i$——i断面淤积层的断面面积（m^2）；

$\quad S_{i+1}$——i断面与$i+1$断面的平均面积（m^2）。

晋安河清淤工程相关情况统计表　　　　　　　　　　表8-2-3

桩号	规划河底高程（m）	现状底高程（m）	河道宽（m）	清淤面积（m^2）	清淤量（m^3）
0	2.17	3.00	32.00	23.24	2324.00
100	2.16	2.99	32.00	23.14	2314.46
200	2.15	2.97	32.00	23.05	2304.92
300	2.14	2.96	32.00	22.95	2295.38
400	2.13	2.95	32.00	22.86	2285.84
500	2.12	2.93	32.00	22.76	2276.30
600	2.11	2.92	32.00	22.67	2266.76
700	2.10	2.91	32.00	22.57	2257.21
800	2.09	2.89	34.00	24.08	2408.22
900	2.08	2.88	34.00	23.98	2398.00
1000	2.07	2.87	34.00	23.88	2387.78
1100	2.06	2.85	34.00	23.78	2377.56
1200	2.05	2.84	34.00	23.67	2367.33
1300	2.04	2.83	36.00	25.14	2514.25
1400	2.03	2.81	36.00	25.03	2503.35
1500	2.02	2.80	36.00	24.92	2492.44
1600	2.01	2.79	36.00	24.82	2481.54
1700	2.00	2.77	36.00	24.71	2470.64
1800	1.99	2.76	36.00	24.60	2459.73
1900	1.98	2.75	36.00	24.49	2448.83
2000	1.97	2.73	37.00	25.14	2514.11
2100	1.96	2.72	37.00	25.03	2502.87

续表

桩号	规划河底高程（m）	现状底高程（m）	河道宽（m）	清淤面积（m²）	清淤量（m³）
2200	1.95	2.71	37.00	24.92	2491.62
2300	1.94	2.69	37.00	24.80	2480.38
2400	1.93	2.68	37.00	24.69	2469.13
2500	1.92	2.67	37.00	24.58	2457.89
2600	1.91	2.65	37.00	24.47	2446.64
2700	1.90	2.64	40.00	26.57	2656.80
2800	1.89	2.63	40.00	26.45	2644.53
2900	1.88	2.61	40.00	26.32	2632.27
3000	1.87	2.60	40.00	26.20	2620.00
3100	1.86	2.59	40.00	26.08	2607.73
3200	1.85	2.57	40.00	25.95	2595.47
3300	1.84	2.56	40.00	25.83	2583.20
3400	1.83	2.55	40.00	25.71	2570.93
3500	1.82	2.53	40.00	25.59	2558.67
3600	1.81	2.52	40.00	25.46	2546.40
3700	1.80	2.51	40.00	25.34	2534.13
3800	1.79	2.49	40.00	25.22	2521.87
3900	1.78	2.48	40.00	25.10	2509.60
4000	1.77	2.47	40.00	24.97	2497.33
4100	1.76	2.45	40.00	24.85	2485.07
4200	1.75	2.44	40.00	24.73	2472.80
4300	1.74	2.43	40.00	24.61	2460.53
4400	1.73	2.41	40.00	24.48	2448.27
4500	1.72	2.40	40.00	24.36	2436.00
4600	1.71	2.39	40.00	24.24	2423.73
4700	1.70	2.37	40.00	24.11	2411.47
4800	1.69	2.36	40.00	23.99	2399.20
4900	1.68	2.35	40.00	23.87	2386.93
5000	1.67	2.33	40.00	23.75	2374.67
5100	1.66	2.32	40.00	23.62	2362.40

续表

桩号	规划河底高程（m）	现状底高程（m）	河道宽（m）	清淤面积（m²）	清淤量（m³）
5200	1.65	2.31	48.00	28.72	2872.39
5300	1.64	2.29	48.00	28.57	2857.39
5400	1.63	2.28	48.00	28.42	2842.40
5500	1.62	2.27	48.00	28.27	2827.41
5600	1.61	2.25	48.00	28.12	2812.41
5700	1.60	2.24	48.00	27.97	2797.42
5800	1.59	2.23	48.00	27.82	2782.43
5900	1.58	2.21	48.00	27.67	2767.44
6000	1.57	2.20	48.00	27.52	2752.44
6100	1.56	2.19	48.00	27.37	2737.45
6200	1.55	2.17	48.00	27.22	2722.46
6300	1.54	2.16	48.00	27.07	2707.47
6400	1.53	2.15	48.00	26.92	2692.47
6500	1.52	2.13	48.00	26.77	2677.48
6600	1.51	2.12	48.00	26.62	2662.49
6700	1.50	2.11	48.00	26.47	2647.50
6750	1.50	2.10	48.00	26.40	2640.00
合计					174536.23

经测算，晋安河清淤量约为17.5万m³。

（3）驳岸改造工程

晋安河驳岸改造主要遵循以下三个原则：

①对于岸上绿带大于或等于10m宽度的，采用斜坡式生态护坡驳岸（图8-2-3）。

②对于岸上绿带大于或等于5m、小于10m宽度的，采用复合式生态护坡驳岸（图8-2-4）。

③对于岸上绿带小于5m宽度的，采用直立式干砌驳岸（图8-2-5）。

（4）景观提升工程

晋安河景观提升主要有以下几个方面的要点（图8-2-6）：

①晋安河畔及其沿岸，以生态修复为目标，形成以"榕荫花岸"为特色，体现完整的"生态、文化、功能"三位一体的优美城市带状公园和市民活力带，同时形成具有城市内河旅游观光和交通功能的城市内河景观带。

图8-2-3　晋安河斜坡式生态护坡驳岸效果图

图8-2-4　晋安河复合式生态护坡驳岸效果图

图8-2-5　晋安河直立式干砌驳岸效果图

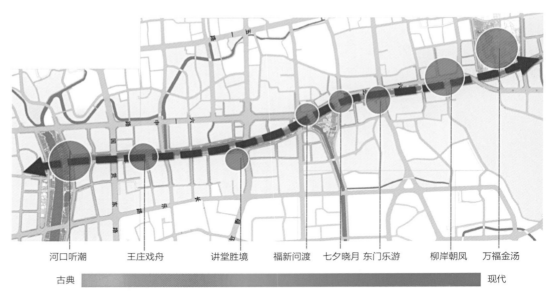

图8-2-6　晋安河节点提升示意图

　　②晋安河与周围山水形势的关系，要与两侧的城市发展和景观旅游资源结合；

　　③休闲空间和公共空间强调，要突出给市民用，而不仅仅是给游客用；

　　④注重挖掘福州的历史文化，多一些传统的风貌风格，要沿带成园；

　　⑤强调自然、植物要多样化，榕树虽好，却不可单一，要突出传统水岸植物特色（如柳树，两岸笙歌从榕荫柳叶中出）；

　　⑥桥是最具有挑战的，桥的形态尽量不要直线型，应多以传统建筑的形态呈现。

　　根据以上要点，晋安河景观主要打造"一带八园"，具体为：河口听潮、王庄戏舟、讲堂胜境、福新问渡、七夕晓月、东门乐游、柳岸朝凤、万福金汤（图8-2-7～图8-2-12）。

图8-2-7　河口听潮节点效果

图8-2-8　王庄戏舟节点效果

图8-2-9 讲堂胜境节点效果

图8-2-10 福新问渡节点效果

图8-2-11 七夕晓月节点效果

图8-2-12 东门乐游节点效果

（5）桥梁改造工程

桥梁改造体现福州文化及福州元素（图8-2-13~图8-2-27）：

图8-2-13 光明港路桥梁现状

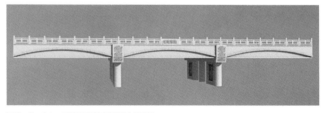

图8-2-14 光明港路桥梁效果图

图8-2-15 海潮路桥梁现状

图8-2-16 海潮路桥梁效果图

图8-2-17 福马路桥梁现状

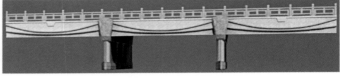

图8-2-18 福马路桥梁效果图

图8-2-19 福新路桥梁现状

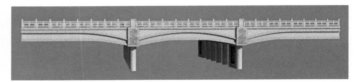

图8-2-20 福新路桥梁效果图

图8-2-21 晋安河七夕桥效果图

图8-2-22 塔头路桥梁现状

图8-2-23 塔头路桥梁效果图

图8-2-24 琯尾街桥梁现状

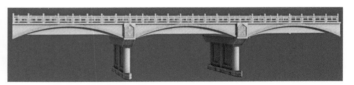

图8-2-25 琯尾街桥梁效果图

图8-2-26 温泉路桥梁现状

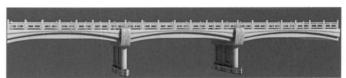

图8-2-27 温泉路桥梁效果图

（6）建筑立面整治

晋安河沿线建筑立面整治遵循以下原则（图8-2-28～图8-2-33）：

①现状为老旧且未整治过的，本次进行整体整治。

②现状为老旧但已经过整治的，本次进行6m线下进行裙房整治。

③现状建筑立面整体较新的，本次进行清理清洗。

图8-2-28 东方古玩城现状

图8-2-29 东方古玩城效果图

图8-2-30 小商品批发市场现状

图8-2-31 小商品批发市场裙房改造效果图

图8-2-32 晋东花园小区现状

图8-2-33 晋东花园小区整体改造效果图

6. 整治后效果

经过以上截污系统升级改造，河道清淤，驳岸改造，景观提升，桥梁改造，建筑立面改造等，晋安河实现了水清、河畅、岸绿、景美（图8-2-34、图8-2-35）。

图8-2-34　晋安河建成效果图-1

图8-2-35　晋安河建成效果图-2

三、白马河

白马河是城区主要的蓝绿结合的生态廊道。

1. 河道基本情况

白马河跨越福州市的鼓楼区和台江区，呈南北走向，是福州市的护城河。白马河起始于福州西湖水闸，沿途流过福州老城区西部，在台江区西部彬德水闸流入闽江。白马河全长4.86km，河宽16~30m。沿岸有白马河公园，沿河而建的白马路横贯福州市区南北，是福州交通主干道之一（图8-3-1）。

白马河公园中种有以榕、竹为主的乔木和灌木近8万株（丛），其中直径15~20cm的大树600多株，具有亚热带特色，辅以雕塑，形成别具一格的园林风景。

白马河东岸，种植蒲葵、鱼尾葵和美丽针葵等棕榈科植物，拓成"葵园"。白马河西岸，新建的福州晚报大楼、省画院等大厦高楼周边辟有绿坪、花地和水池，水光林色，令人悦目。黎明桥南侧的场地，建有"兰桂园"，植有桂花、白玉兰、茶花、含笑、白兰，四时飘香；又建有一座"古榕广场"。围绕斗池村口以一株古榕（树龄300多年）为中心，衬以绿地和花圃，南伸便有一座"雕塑广场"，在西新村东侧，兼植参天绿木，形成浓荫茂密、静雅幽清的园林。

白马河从台江帮洲路漳江入口处，经义洲白马桥，穿越新辟的大庆路，北上注入西湖。

图8-3-1　白马河位置示意图

这条河道至今仍通舟楫。端午时节，人们还可在河岸绿林间，观赏往来龙舟竞渡，为民间习俗文化的一大景观。河水应江潮涨落，古有"白马观潮"之风光。

2. 白马河整治历程

20世纪90年代初，主要以清淤、驳岸工程为主，确保城区行洪安全。

2000年初，以引水清淤为主，确保白马河水质及行洪安全。

2011年，以沿河两岸景观提升为主，沿河晴天排水口进行截污处理，确保"水清、岸绿、景美"。福州市城区内河综合整治工程荣获"2012年中国人居环境范例奖"，其中白马河即当年内河综合整治工程之一。

3．河道存在的问题

2011年，白马河经过整治后，虽然取得了初步成果，但在2018年再次回头看时，发现还存在以下问题：

（1）水环境方面

①污染源问题

白马河沿线涉及168个小区、30所学校、4所卫生诊所、151家沿河店面、44家企事业单位、5座庙宇的排污情况还未彻底调查，实际排污情况不清楚。

②截污问题

2011年已建成截污管总长度约6.5km，截流井28座，提升泵井2座，截流井设备主要为拍门和鸭嘴阀，其中工业路泵井因中防万宝施工已损坏，同德路泵井提升流量不足，同时出现9个新的排口。

③底泥问题

通过对全线4.86km河道的淤泥厚度进行调查，淤泥厚度约0.5～1.0m，总淤泥量为8.8万m³，通过对泥质检测，无重金属超标，有机质含量偏高。

（2）水生态方面

白马河工业路以北段，岸上岸下总体景观、生态性较好；白马河工业路以南段，因存在较大量的棚屋区，整体景观生态性较差。

（3）水动力方面

白马河工业路以北段，总体水质较好，但局部地区存在水动力不足；白马河工业路以南段，水质情况不容乐观，死水区较多，经常存在翻泥现象。

（4）景观方面

①整体景观设计标准不够，对白马河的重要性体现不足。

②用地条件不足，现场存在大量庙宇，影响整体景观效果。

4．整治思路

高标准、全系统、严要求，打造福州最具人文气息的河道。从水质水环境提升到景观提升，两大类专业全角度共涉及13个子项建设。

（1）水质水环境提升方面（5个子项）：全面清淤、全线截污、源头污染源治理及雨污分流、水动力提升、水生态系统构建。

（2）景观全面提升方面（8个子项）：景观节点提升、绿化清梳及花化、慢道系统建设、桥梁立面改造、标识系统提升及改造、夜景系统、街区立面整治、游船点位及码头。

5. 整治内容

（1）水质水环境提升方面

①清淤工程

根据河道两侧驳岸情况及淤泥上岸点选址情况，清淤方式按照带水清淤和干塘清淤相结合，全部清淤量为8.8万m³，淤泥经脱水，含水率降到60%后外运。

②截污工程

A. 改造现有28座截流井，截流设备全部更换为德国进口设备。

B. 对发现的新排口进行截污，新建截污管（DN400mm～DN600mm）3.3km，新建截流井9座。

C. 新建工业路泵井一座，河下街东侧泵井一座，改造同德路泵井一座。

D. 对现状截污管开展CCTV检测，根据病害情况开展修复和改造工作。

E. 完善截污系统外围的污水系统。

③源头污染源治理及雨污分流改造工程

白马河汇水面积2.21km²，其中，左岸汇水面积1.46km²，右岸汇水面积0.75km²。沿线共涉及168个小区、30所学校、4所卫生诊所、151家沿河店面、44家企事业单位、5座庙宇的排水户调查。在摸清所有排水户排水的基础上，对上述所有排水户分类进行改造，做到一户一策，采用海绵理念等，实现源头雨污全分流。

④水动力提升

A. 结合福州市水多水动整体方案，确保今后河道流速不低于0.2m/s，在白马河东西河段建设可调节闸坝（图8-3-2）。

B. 结合岸上景观，可考虑在同德桥与彬德水闸之间考虑侧面水景墙，既改善水动力，又改善景观效果（图8-3-3）。

图8-3-2　东西河节制闸

图8-3-3　水景墙效果图

⑤水生态修复工程

A. 浮动湿地构建

针对河道周边地表径流等外源污染，采用复合纤维浮动湿地并在其下加挂碳素纤维生态草，布设在河体近岸线部分，形成外源拦截过滤区域对面源污染进行预处理（图8-3-4~图8-3-7）。

图8-3-4 浮动湿地作用原理图

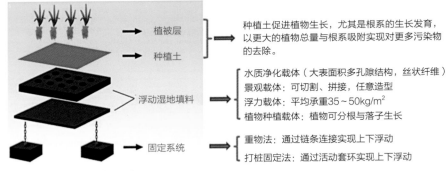

图8-3-5 浮动湿地结构示意图

图8-3-6 浮动湿地效果-1

图8-3-7 浮动湿地效果-2

　　B．增加增氧设备

　　通过太阳能水循环复氧控藻设备，增强水体流动性、打破水温分层、改善溶解氧环境，从而达到生态修复的作用（图8-3-8、图8-3-9）。

　　C．水生动植物系统构建

　　一个完整的水生态系统，应包含种类及数量恰当的生产者、消费者和分解者，具体包括：水生植物（挺水植物、浮叶植物、沉水植物）、水生动物（鱼类、底栖动物等）以及种类和数量众多的微生物。

　　水生动物、浮游动植物与水生植物等相互之间在物种与数量上都存在一个理想的良性平衡，生态系统的物质循环和能量流动也存在理想的动态平衡，因此为使得生态系统向理想水生态系统不断靠近，必须操控物种群落演替，保持系统的多样性、复杂性，建立水层—底栖平衡、刮食功能群—沉水植被平衡、鱼类平衡—浮游动植物平衡等良性的动态平衡，从而达到生态系统的良性循环（图8-3-10~图8-3-14）。

图8-3-8　太阳能水循环复氧控藻设备实景

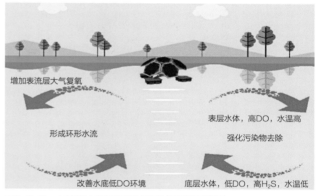

图8-3-9　太阳能水循环复氧控藻设备原理示意图

图8-3-10　沉水植物春季实景

图8-3-11　沉水植物夏季实景

图8-3-12　沉水植物秋季实景

图8-3-13　沉水植物冬季实景

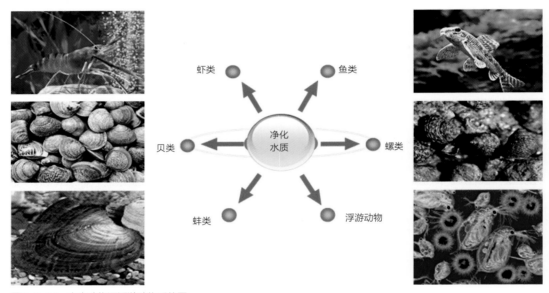

图8-3-14　水生动物河浮游动物系统图

生态系统构建包含：健康型微生态系统、净水型沉水植物系统、操纵型水生动物系统、噬藻型浮游生物系统。

（2）景观全面提升方面

①景观节点提升

串联鼓楼台江18个景观串珠，使白马河沿线景观再次提升，重点打造两个段落：

A. 杨桥路至芳华剧院段落——西关古韵，芳华流芳（图8-3-15、图8-3-16）。

B. 白马古桥至彬德古桥段落——白马落霞，彬德掠影（图8-3-17、图8-3-18）。

②绿化清梳及绿化改造（图8-3-19～图8-3-21）。

图8-3-15　白马河西关水闸节点效果-1

图8-3-16　白马河西关水闸节点效果-2

图8-3-17　勺园一号桥西北侧节点效果-1

图8-3-18　勺园一号桥西北侧节点效果-2

图8-3-19　工业路—宁化支路（浦西村东侧）绿化节点提升改造前后对比

图8-3-20 斗池路—工业路（上海新村西侧公园）绿化节点提升改造前后对比

图8-3-21 工业路—宁化支路（白马南路东侧）绿化节点提升改造前后对比

A．现状主要存在问题

a．原地被杂乱、局部露土；

b．水生植被已老化；

c．全线绿地缺少景观置石。

B．相应改造对策

a．移除原有杂乱地被，梳理林下空间；

b．补植更新水生植被；

c．增设景观置石。

③桥梁立面装饰

白马河最大的特色就是桥多，沿线有22座桥梁，建造年代从明代一直到现代。本次整治主要对沿线6座桥梁进行桥梁立面装饰和相应的阻水改造（图8-3-22～图8-3-33）。

图8-3-22　勺园一支桥现状

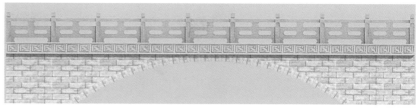

图8-3-23　勺园一支桥改造后立面效果图

图8-3-24　柳河路桥现状

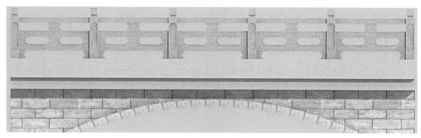

图8-3-25　柳河路桥改造后立面效果图

图8-3-26　勺园桥现状

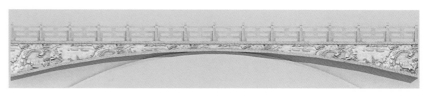

图8-3-27　勺园桥改造后立面效果图

图8-3-28　道山西路桥现状

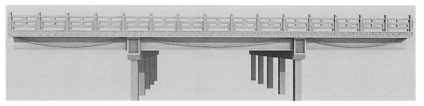

图8-3-29　道山西路桥改造后立面效果图

图8-3-30　工业路桥现状

图8-3-31　工业路桥改造后立面效果图

图8-3-32　勺园水闸桥现状

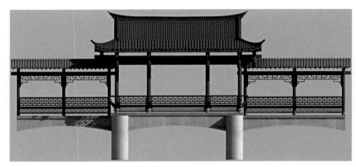

图8-3-33　勺园水闸桥改造后立面效果图

④慢道系统建设

串联西湖至北江滨沿线人文历史公园群，打造福州最具文化氛围的"城市人文景观慢道"，主线全长14.2km（图8-3-34、图8-3-35）。

⑤标识系统

白马河标识系统，结合了福州很多的本土元素（图8-3-36）。

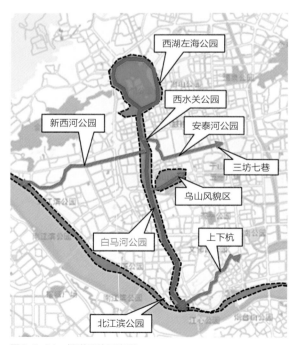

图8-3-34　慢道系统示意图

图8-3-35　慢道系统节点效果

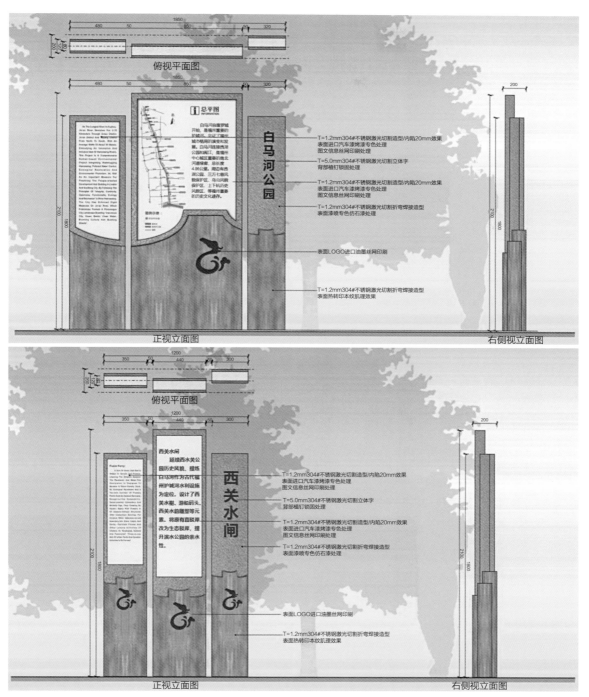

图8-3-36 白马河标识系统效果图（单位：mm）

⑥沿线夜景系统

染色加色温变化，照明方式以投光为主，精准控光，以光为笔，实现油画般场景变化，可实现单灯调光，满足明暗灰阶灰度柔和过渡，色彩过渡顺畅协调（图8-3-37）。

⑦沿线街区立面整治（图8-3-38）

A.　主要存在问题

a.　建筑风格与街道风貌产生矛盾；

b.　空调机位外露；

c.　违章搭建严重；

d.　外墙广告设置杂乱无章。

B.　主要整治思路

a.　提炼特色传统建筑元素进行立面装饰，局部进行形体修整，满足美观及实用功能；

b.　合理规划空调机位；

c.　改变外墙材质，提升建筑品质。

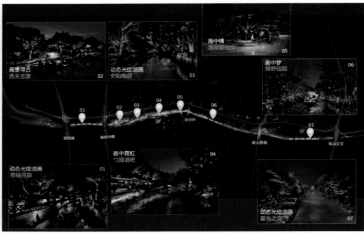

图8-3-37　白马河夜景系统效果图

图8-3-38　街区立面整治效果图

⑧游船点位及码头设置

历史上白马河因其出口的木材数量巨大，成为全国三大木材集散地之一。白马河畔亦为台江商业中心，商店、会馆、客栈密集，是持续数百年的商贸繁荣之地，成为福州极具特色的商贸社区和商业文化带。本次整治思路，恢复白马河通航，挖掘白马河沿线历史文化，让游船在白马河上穿行，让老百姓最直观地看到两岸的花树及建筑，首期游线涉及了芳华剧院、芍园、列榕迎宾、乌山等几个景点，游客沿途还可知晓"白马三郎""缺哥望小姐"等民间故事的来龙去脉（图8-3-39、图8-3-40）。

6. 整治后效果

白马河经过清淤工程、截污工程、源头污染源治理及雨污分流改造工程、水动力提升、水生态修复工程等水质水环境提升工程，以及景观节点提升、绿化清梳及花化改造、桥梁立面装饰、慢道系统建设、标识系统、沿线夜景系统、沿线街区立面整治、游船点位及码头设置等景观全面提升工程，沿线的水、景、路、桥等焕然一新（图8-3-41～图8-3-44）。

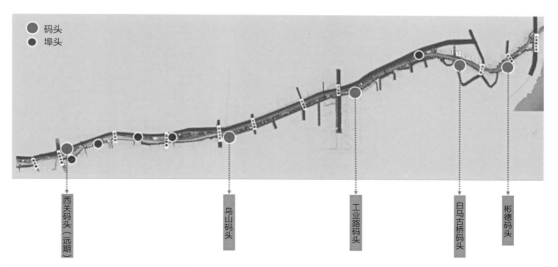

图8-3-39　白马河游船码头位置示意图

图8-3-40　白马河游船码头效果图

图8-3-41　白马河木栈道效果-1

图8-3-42　白马河木栈道效果-2

图8-3-43　白马河曲艺长廊效果-1

图8-3-44　白马河曲艺长廊效果-2

四、流花溪

流花溪是福州市黑臭水体治理的示范河道，也是福州市生态河流的典型案例。

1. 河道基本情况

流花溪位于仓山区，西北始于浦上大桥，与金山公园相连，东南至湾边水闸，全长4362m，流域面积3.98km²，规划河宽15~80m，平均水深1.9m，是除光明港之外最宽的内河（图8-4-1）。

图8-4-1　流花溪位置示意图

2. 河道存在的问题

（1）河道阻塞，内涝频发

治理前的流花溪随着周边城市开发建设，渣土乱堆，垃圾成片，违章建筑侵占河道，造成河道严重堵塞，过水能力不足甚至断流，流花溪规划由北向南又和洪阵河、红旗浦、洋下河、浦上河及台屿河贯穿联通，对区域防洪排涝及生态补水具有重要作用，流花溪的排水问题造成周边区域内涝频发，严重影响周边居民的生产生活。

（2）污水直排，水体黑臭

治理前的流花溪沿线违章搭建多，沿线城中村尚未改造，污水直排河道、水葫芦茂密丛生，水质恶化，水生态严重破坏，为重度黑臭水体，沿线居住环境不容乐观，是周边居民经常投诉的对象（图8-4-2）。

3. 整治思路

按照"整体性、连续性、功能性、生态性、休闲性"的原则，以"治水"为核心，通过"四个结合"，立足打造水系综合治理典范，形成了"河畅、水清、岸绿、景美"的美丽滨

图8-4-2　流花溪整治前现场

河画卷。

（1）水系治理与成片改造相结合

对河道绿线范围内外进行的违章建筑全部拆迁，确保两岸空间和河道治理所需空间。对沿线的十邑同乡会、香积寺等建筑进行建筑整治提升。

（2）水体治理与排涝、补水活水相结合

对河道进行清障疏浚，确保排涝安全。沿河两岸建设截流管道，将沿河两岸的排水口进行截流，确保晴天污水和初期雨水不进入河道，以保证水质。结合利用南台岛生态补水工程，增设闸门运行调控水位，保证河道流量流速，让水动起来、活起来，形成良好的水域环境。

（3）完善配套与优化环境相结合

沿线景观提升改造，降低驳岸与水的距离，打造亲水码头、亲水步道等亲水空间。增设便民配套设施，为市民提供便捷服务，使河道成为市民的亲水乐园。

（4）彰显文化与景观改造相结合

充分挖掘流花溪历史文化特色，重点打造"闽台同根园""香积烟雨""流花叠影"和"荷印秀色"四大主题景观。突出福州"榕"文化，对古寺古榕进行良好的保护修复，打造充满浓厚文化底蕴的榕树公园节点。

4. 整治内容

流花溪是福州市委、市政府实施的水系综合治理重要内河之一。工程建设内容包括控源截污、补水活水、河道开挖、驳岸建设和景观及其配套工程等，项目总投资约16.26亿元，整体工程于2018年10月完成。

（1）沿线成片拆迁：对河道绿线范围进行的违章建筑全部拆迁，累计完成拆迁13万m^2，确保河道治理所需空间。

（2）河道开挖贯通：对河道进行清障疏浚，开挖河道4.36km，清运渣土60万m^3，增加水域面积11.6万m^2。

（3）控源截污：沿河两岸建设截流管道，将沿河两岸的排水口进行截流，确保晴天污水和初期雨水不进入河道，以保证水质。累计建设截污管6.9km，增设截流井17座，安装闸门34座，建设调蓄池1座（5000m^3/d）。

（4）补水活水：结合利用南台岛生态补水工程，引水流量4.5m^3/s，闸门运行调控水位，保证河道流量流速，让水动起来、活起来，形成良好的水域环境。

（5）景观提升：新增步道9km、绿化17万m^2，种植大、小乔木共9000多株。充分挖掘流花溪历史文化特色，重点打造"闽台同根园""香积烟雨""流花叠影"和"荷印秀色"四大主题景观。

（6）增设便民设施：新增5座跨河步行桥梁、6座公厕。沿线建设4个停车场、3组儿童游乐设施，为市民提供便捷服务，使河道成为市民的亲水乐园。

5. 整治后效果

流花溪整治以水体治理为核心，集片区治理、生态修复、环境改善为一体的综合性人居环境工程，经过治理的流花溪迎来了蝶变，"垃圾河"升级成景观河，河道全线贯通，解决了排涝问题，同时污水全部收集，水生态修复能力全面提升；通过打造生态驳岸，拉近驳岸与水的距离，营造风景独特的活力生态岸线；沿岸垂柳依依，榕树成荫，四季有花，形成全线贯穿的林荫绿道；项目的建成为其他河道综合整治工程提供案例示范（图8-4-3）。

图8-4-3 流花溪整治后现场

五、三捷河

三捷河是历史型河道，对其进行黑臭水体治理是历史文化型河流的复兴。

1. 河道基本情况

三捷河北接达道河，南至闽江，河道长约450m，河道汇水面积0.26km²，河道现状宽度为7~13m，规划河道宽度为16m，河底现状标高为3.20~3.60m，现状水深约为0.5m，现状驳岸顶标高约为6.97~7.50m，规划河底标高为2.50m，5年一遇洪水位标高为5.21m，三捷河由东向西最终通过三捷水闸汇入闽江（图8-5-1）。

2. 河道存在的问题

（1）水环境方面

①水质情况

根据三捷河台江路口的水质情况，可判断各个监测断面均达到轻度黑臭级别（表8-5-1）。

图8-5-1　三捷河位置示意图

三捷河断面水质检测表　　　　　　　　　　　　　　表8-5-1

河道名称	取样点位置	检测结果（mg/L）				
		化学需氧量	氨氮	总磷	总氮	悬浮物
三捷河	台江路口	36	1.67	0.2	3.66	40

②排污口情况

三捷河沿线统计共有11个排口（图8-5-2、图8-5-3），如表8-5-2所示。

图8-5-2 三捷河现状排污口情况-1

图8-5-3 三捷河现状排污口情况-2

三捷河沿线排口统计表   表8-5-2

序号	管径	材质	出水情况	排水体制
1	Φ1000	预制混凝土	小水	合流
2	Φ1000	预制混凝土	小水	合流
3	Φ1000	预制混凝土	小水	合流
4	Φ1000	预制混凝土	小水	合流
5	Φ400	预制混凝土	小水	合流
6	Φ400	预制混凝土	小水	合流
7	Φ1000	预制混凝土	小水	合流
8	Φ1000	预制混凝土	小水	合流
9	Φ1000	预制混凝土	小水	合流
10	Φ1000	预制混凝土	小水	合流
11	Φ400	预制混凝土	小水	合流

③水文情况

三捷河为感潮河段，上游连接达道河，整个河道坡度平缓，水流速度慢，动力差。涨潮时，水位高度约为0.8～1.0m，水质偏黄；退潮时，河床底泥凸显，底泥偏黑（图8-5-4～图8-5-7）。

④排水管线现状

经现场调查，沿三捷河（隆平路至三县洲大桥）沿岸有DN300mm～DN400mm截污管线，现状截污管线收集的污水经污水提升泵站输送至市政污水管。经现场调查，沿三捷河

图8-5-4　三捷河涨潮现场-1

图8-5-5　三捷河涨潮现场-2

图8-5-6　三捷河退潮现场-1

图8-5-7　三捷河退潮现场-2

（三通桥至隆平路）两侧为新建成区，污水系统较为完善，而隆平路以南现况污水泵站尚未运行，现况污水管淤积严重，仍存在污水入河的现象。

三捷河周边的道路主要为南北走向的隆平路、中亭街，东西走向的下杭路、中平路，其中隆平路无污水管，有雨水管（渠）2根，一根为$B \times H$=400mm×500mm，另一根为$B \times H$=400mm×700mm；中亭街现状无污水管，有雨水管2根，一根直径为DN250mm，另一根直径为DN400mm；下杭路现状污水管为DN800mm，雨水管（渠）为$B \times H$=400mm×500mm，另一根雨水管（渠）为$B \times H$=400mm×400mm；中平路现状污水管为DN400mm，无雨水管。

（2）沿线风貌及公共空间方面

三捷河主要为干砌驳岸。其起端及末端房屋基本上沿驳岸而砌，北部岸上空间比南部岸上空间大，北部岸上中间局部段部分房屋距离岸边有2~10m的空间，南部岸上中间局部段部分房屋距离岸边有1~4m的空间（图8-5-8~图8-5-11）。

图8-5-8　三捷河沿线驳岸-1

图8-5-9　三捷河沿线驳岸-2

图8-5-10　三捷河岸上建筑

图8-5-11　三捷河沿岸建筑

（3）河道桥梁、水闸情况

　　三捷河沿线有三座桥梁，其中有两座古桥：三通桥、星安桥（图8-5-12～图8-5-14）。该段河道无水闸。

图8-5-12　三捷河古桥（三通桥）

图8-5-13　三捷河古桥（石拱桥）

图8-5-14　三捷河古桥（星安桥）

3. 整治思路

（1）解决水患问题

三捷河部分河道堵塞，过水能力不足，又加上河道底泥淤积，河道排水不畅，加剧了内涝。通过对三捷河河道清淤、河道局部拓宽，对日后三捷河防洪排涝具有重要作用。

（2）改善内河水生态

三捷河地处台江区上下杭历史文化街区，周边城中村和商铺较多，由于部分污水乱排，使得三捷河河水受到污染，水体变质、变色、变味。应从完善截污系统、补齐周边雨污水管网短板、增加水体水动力、实施水体生态修复几个方面改善内河水质，恢复水体生态系统。

（3）提升沿线环境整治

三捷河作为上下杭历史文化街区传统风貌与历史信息的重要载体，其沿线古建筑修复、古驳岸修复、古桥修复，对提升三捷河及周边地块城市品位，带动沿线地块开发，具有至关重要的作用。

4. 整治内容

（1）截污工程

①完善截污系统：由于三捷河已建有截污管，本次主要对现状截污管线进行修复，同时对截污提升泵站进行整修，对渗漏和遗漏的排口进行截流。

②补齐周边雨污水管网：对三捷河周边隆平路、中亭街、下杭路、中平路等几条道路下管径规模不够或缺失的雨污水管进行增容或重新铺设。

（2）清淤工程

三捷河底泥清淤是结合了环保理念的工程疏浚，通过对河道淤积情况的泥质组成成分及底泥深度进行分析和勘察，了解底泥的基本情况后，确定科学的疏浚方式。通过对三捷河底泥分析，三捷河不存在重金属超标情况，主要为有机质成分偏高，因此结合水环境模型测算，以及防洪排涝要求，确定明确的清淤深度。本次三捷河清淤深度为0.6~1.5m，清淤量约3600m³。本次主要采用干塘清淤的方式，经现场清除，晾干后外运至可再生资源公司进一步加工，形成土工回填材料，作为堤坝和路基的回填材料。

（3）水动力工程

为提高三捷河水体动力，结合闽江涨落潮水位，在三捷河沿线布设水力推流器，以提高三捷河水动力。水力推流器每60m布设1个，对角安装，每台推流器功率为4.5kW。

（4）生态修复工程

三捷河生态修复，主要采用人工湿地+水力自动化曝气机的方式进行处理，通过种植水生植物打造人工湿地，水生植物的种植量达到水面面积的2%～5%，可确保水质良好。水生植物通常分为：挺水植物、沉水植物、浮叶植物、漂浮植物等。三捷河水生植物主要以沉水植物和浮叶植物为主。

沉水植物：湖底种植沉水植物（以苦菜、眼子菜为主），可防止底泥的再悬浮而影响水体的透明度，有利于保持湖水清澈。同时，用以吸收、转化沉积的底泥及湖水中的有机质和营养盐，降低水中营养盐浓度，抑制浮游藻类的生产，从而防止水体富营养化。这些水生植物通过光合作用释放氧气，起到增氧作用，并为螺类等附着生物扩大附着基，改善水生动物的生活条件，增加动物的种类和数量，从而增强水体的自净能力。

浮叶植物：浮叶植物（以睡莲、红菱为主）的茎秆，能为水中的细菌、浮游动物、着生藻类提供依附的场所。同时，浮叶植物由于叶片漂浮于水面之上，会影响阳光在水中的透射率，可以抑制藻类生长。

（5）古建筑修复工程

三捷河位于福州上下杭核心区域，由于上下杭早年是福州的商业中心和航运码头。"杭"其实是从"航"音衍化而来，这里有一个地理变迁的历史过程。古时闽江水绕过大庙山，上下杭便是上下航的津口埠头。这片曾经以商业的繁华而闻名的古老街区，一直以来是民俗、史学专家研究福州商业发展历程的重要地方。

2014年5月，福州市上下杭街区被认定为福建省首批9个省级历史文化街区之一。2021年11月5日，其被文化和旅游部确定为第一批国家级夜间文化和旅游消费集聚区。

这里汇聚了很多有名的会馆，如古田会馆、永德会馆、建宁会馆、南郡会馆、闽清会馆，同时拥有很多明清时期的老建筑。会馆主要以小木楼、青砖建筑等为主，老建筑以具有福州特色马头墙的小白楼为主。本次三捷河沿线的古建筑修复工程主要以修旧如旧为主。

（6）沿线景观提升工程

三捷河沿线结合上下杭历史风貌区，保护沿河古桥、古树、古建筑等要素，结合现状增设绿地，将其建设为福州自身文化及滨河特色为一体的休闲开放空间。

（7）古桥修复工程

三捷河上共计3座桥梁，其中2座为古桥，分别是三通桥和星安桥。

①三通桥

三通桥位于三捷河起端，桥呈"弓"形，东西走向，二墩三孔石构拱桥，不等跨。桥长36.7m，宽3.1m。墩与桥台用条石砌造，桥拱由条石纵联砌置，外侧设独立拱圈，高于两边。桥面横铺石板，桥面与两岸间的道路由石阶相连，两侧设石护栏，有栏柱12对，石栏板11对，中间栏板上镌楷书"三通桥"，边款为"嘉庆丙寅仲秋吉旦造"，由此可知，桥始建于清嘉庆十一年（1806年）。古时的三通桥，东连中亭街，西接张真君祖庙。桥下三河相汇，可通大桥（万寿桥）、小桥（沙合桥）、三捷桥（三保），是台江水上交通枢纽。清嘉庆进士郑开禧有诗赞曰："路逢过雨转新潮，移泊三通旧板桥。好是夜阑人语静，一江明月万枝箫。"

②星安桥

星安桥位于三捷河中部，东西走向，连接历史上上下杭的福星铺和苍霞洲的安乐铺，从两铺名中各取一字命名为"星安桥"。桥为石构拱桥，二墩三孔，墩呈船形。后因两侧房子建设，有一孔被堵塞。桥拱由条石纵联砌置，边嵌拱圈。中拱高于边拱，桥体呈"弓"形，用石阶连接两岸之路，两侧设护栏，栏板上镌楷书"星安桥"及"乾隆丙午新建""嘉庆乙丑年重修""垂裕堂张重修，惟善社监督"等字样。由此可知，桥始建于清乾隆五十一年（1786年），后历经嘉庆九年（1804年），光绪十六年（1890年）、宣统二年（1910年）、1925年多次重修。星安桥桥长17.3m，宽2.1m。

星安桥毗连商贸中心上下杭街区，历史上沿河一带曾是货物集散地，附近有著名的马祖道古码头，汇集闽江上游各地的土特产品，再沿水路出海，销往海内外各地。桥北有张真君祖庙，是福建民间信仰的重要古迹；桥南有法师亭，建于宋代，祀陈守元道士。

本次古桥修复，主要以保护为主，在施工过程中，主要是清淤工程及相关的水处理设施设备，在桥梁10m范围内，均不得有任何工程建设。

5. 整治后效果

三捷河经过截污工程、清淤工程、水动力工程、生态修复工程、古建筑修复工程、沿线景观提升工程、古桥修复工程等，沿线水质及整体风貌得到极大提高，三捷河整治思路和整治内容，可以作为历史文化街区河道整治的范例（图8-5-15～图8-5-20）。

图8-5-15　三捷河整治后水质情况-1

图8-5-16　三捷河整治后水质情况-2

图8-5-17　三捷河整治后驳岸情况-1

图8-5-18　三捷河整治后驳岸情况-2

图8-5-19　三捷河整治后古建筑情况-1

图8-5-20　三捷河整治后古建筑情况-2

六、新店溪

新店溪是山溪型郊野河道的典型代表。

1. 河道基本情况

新店溪位于福州市晋安区，北起八一水库，由北向南经福飞北路、南平东路后汇入琴亭湖，原河长约2500m，河宽10~25m，河底高程9.7~23.6m（图8-6-1）。新店溪设计河底宽度15~20m，河底高程3.3~23.0m；河道总长1869m，集雨面积15.5km^2；设计排涝流量为71.6m^3/s，设计涝水位9.10~25.3m；设计水深2.3~5.9m。旱季时新店溪主要水量来源于少量地下渗水及周边排污，雨季时主要用于排洪。新店溪周边为雨污分流制，管网覆盖率较高，已沿现状河道实施了截污工程，埋设2×DN400mm~DN500mm污水截流管。因此，新店溪整体旱流污染较轻，仅有个别旱流排污现象。河道已按规划蓝线整治，为直立式硬质驳岸，已达到20年一遇的排涝标准。两岸景观也已进行了改善提升。

图8-6-1 新店溪位置示意图

（1）新店溪上游（八一水库—福州绕城高速）

新店溪上游河道驳岸均已建成，河道宽度在15m左右，该河段西岸为赤桥村，东岸为福州市公安局特警支队和福州市儿童公园，其中西岸为城中村区域，环境较为脏乱，有部分未截污的雨水排口直排入河。区域内有雨污混接现象，旱季仍有部分污水通过雨水管道直接排入河道，根据现场踏勘情况，上游河道水质污染较严重，水体有黑臭现象，河水表面有浮沫（图8-6-2、图8-6-3）。

（2）新店溪中游（福州绕城高速—福飞北路）

新店溪中游河道景观驳岸均已建成，中游河道宽度在18m左右，其中河道西岸靠近福州绕城高速为雄胜印刷厂、晋新塑胶制品公司和健康村，靠近福飞北路为新慧嘉苑；河道东岸

图8-6-2 新店溪上游河道情况

靠近福州绕城高速均为农田，靠近福飞北路为福州市新店中心小学。河道两侧敷设了2×DN400mm污水截流管道，河道内部做了景观跌水措施，新店溪中游河水较为清澈，景观效果良好（图8-6-4、图8-6-5）。

（3）新店溪下游（福飞北路—琴亭湖）

新店溪下游河道景观驳岸均已建成，下游河道河面宽度在20~25m，两岸为建成区，西岸为福日新城，东岸为万科金域榕郡三期，沿线有部分未截污的雨污水管道排口直排入河。河道两侧敷设了2×DN400mm污水截流管道，污水截流管道截流井建在河道内部，部分截流井已出现了损坏和冒溢的现象。

下游河道水质污染较为严重，水体黑臭，部分河段淤积现象比较严重（图8-6-6~图8-6-8）。

图8-6-3 新店溪上游驳岸和河道情况

图8-6-4 新店溪中游驳岸和河道情况

图8-6-5 新店溪中游河道情况

图8-6-6 新店溪下游河道淤积情况

图8-6-7　新店溪下游污水截流管

图8-6-8　新店溪下游入琴亭湖处

　　根据现场实际勘察，新店溪排口有37个。其中，12个为雨水排口，18个为混接雨水排口，7个为污水排口。

　　2. 河道存在的问题

　　（1）河道水质情况（表8-6-1）

新店溪河道水质情况表

表8-6-1

分段	起点终点	长度（m）	水质感官	驳岸状况	周边地块	生态植被
1号	八一水库—绕城高速	560	轻度黑臭	已建	自然村落、建成区	自然生态
2号	绕城高速—福飞北路	1540	轻度黑臭	已建	城中村、建成区	无
3号	福飞北路—琴亭湖	400	轻度黑臭	已建	建成区	无

　　（2）污染源问题

　　新店溪污染源主要为点源污染、面源污染及内源污染。

　　①点源污染主要为沿河排口（沿河排口共计35个，其中旱天有污水出流的排口共计21个，如图8-6-9所示）。

　　②面源污染主要包括城市面源污染和农业面源污染，污染物通过地表径流进入河道。

　　③内源污染主要为河道内底泥及生活垃圾。

　　（3）驳岸问题

　　新店溪两岸均已建设驳岸，但均是直立式三面光混凝土驳岸。

　　（4）沿线景观问题

　　新店溪沿线景观杂乱，缺乏统一的系统规划，缺乏"生态、美观、休闲"等功能。

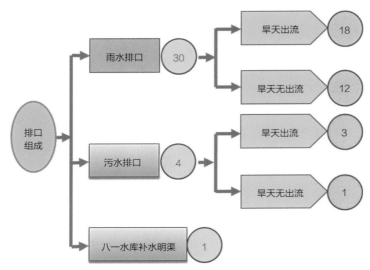

图8-6-9　新店溪排口组成流程图

3. 整治思路

（1）查

①查清沿河排水口存在问题。

②查清沿河垃圾肆意堆放情况。

③查清沿河工业废水排放情况。

④查清现有排水管道存在的缺陷、地下水等外渗水与混接情况。

⑤查清污水外渗情况。

（2）清

①沿河垃圾清理。

②河道底泥生态清淤。

③城中村明渠清通。

④市政排水管网清通。

（3）分

①采取有效对策，治理现有排水管道雨污混接，让雨水、污水各行其道，实现雨污分流。

②分流制排水系统中，雨水和污水管道互为混接，虽然没有被称为缺陷，但混接却是排水系统的"毒瘤"，危害极大。

③排水口"常流水"和污水处理厂雨天超量是混接问题表现。

（4）修

①针对现有排水管道和检查井各类缺陷，有针对性地采取修理措施，特别是要封堵地下水渗入、污水外渗。

②把排水管道及检查井检测、缺陷修理作为城市黑臭水体整治的重要内容和主要工作，并列入"一河一策"，就能够治理好排水管道缺陷，堵住地下水入渗，能够有效减少进入水体的污染源，这是控源截污的重要手段之一。

（5）改

对各类排水口采取堵、截和其他改造措施，堵住直排污水、截流混接水、防止河水倒灌。

①分流制污水直排排水口：封堵、截污、送入污水处理厂或就地处理。

②分流制雨水直排排水口：当地面清扫、浇洒、绿化、餐饮、洗车等通过雨水口的非直接接入污水和初期雨水是引起水体黑臭的主要原因时，可在排水口前或在系统内设置截污调蓄设施。

③分流制雨污混接雨水直排排水口：其不能够简单地封堵，可增设混接污水截污管道或设置截污调蓄池（或就地处理）。

（6）蓄

①在系统中设置针对雨污混接水的截、储等措施，减少直接排放对水体的影响。

②调蓄池的出水应接入污水管网，当下游污水系统余量不能满足调蓄池放空要求时，应设置就地处理设施。

（7）净

①采取就地应急处理措施，为雨污混接水排放水体前，再上一道锁。

②针对有些地区截污干管不完善、污水处理厂能力不足等提出的末端治理的临时性措施。

③旱天污水处理工艺：旱天截流水（生化）处理装置。

④雨天污水处理工艺：雨天截流水（物化）处理装置。

（8）顺

①保障防洪、排涝及引水等河道基本功能，保障水文安全，设计后的防洪空间只能扩大、不能减少；

②构建健康、完整、稳定的河道系统；

③安全、舒适、宜人的休闲游憩功能，保障功能齐备，满足受益者的合理目标。

（9）亲

①在不影响防洪排涝的情况下，重建新店片区水系水生态系统，满足水生态基本功能，

提高水体自净能力，建立沟通城市山与水的生态廊道，形成区域生态网格和亲水空间。

②全面恢复水系清水型生态系统，构建全系列的水生植物群落，完善水生食物链结构，实现水生态系统物质与能量的良性循环。

（10）管

①强化对系统的维护管理措施，减少管道淤泥对水体的污染。

②及时发现结构性与功能性缺陷和雨污混接等问题，并采取针对性措施，保证设施功能正常发挥。

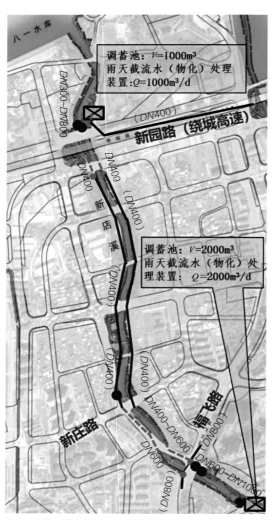

图8-6-10　新店溪截污系统图（单位：mm）

4. 整治内容

（1）截污纳管（图8-6-10）

①沿河截污

Ⅰ段：沿河西侧设置截流管，管径为DN300mm～DN800mm，旱天污水截流进入新园路DN400mm污水管。雨天截流污水首先进入调蓄池，提升至雨天截流水（物化）处理装置处理后排河。

Ⅱ段：现状新园路下游附近污水管位于河内，管径为DN400mm，长度约120m，本工程将其改建至岸上，与下游岸上DN400mm污水管接顺。在新庄路处，管径翻排至DN600mm，向南接入福飞路现状DN800mm的污水管。

Ⅲ段：沿河东侧设置截流管，管径为DN600mm～DN1000mm，旱天污水截流进入福飞路DN800mm污水管。雨天截流污水首先进入调蓄池，提升至雨天截流水（物化）处理装置处理后排琴亭湖。

②调蓄处理设施

Ⅰ段：调蓄池和雨天截流水（物化）处理装置位于儿童公园停车场，调蓄池规模为1000m³，旱天截流水（生化）处理装置规模为Q=1000m³/d，汇水面积30.8hm²。

Ⅲ段：调蓄池和雨天截流水（物化）处理装置位于南平东路以南琴亭湖以北的平台上，调蓄池规模为2000m³，雨天截流水（物化）处理装置规模为Q=2000m³/d，汇水面积56.4hm²。

（2）河底改造

①束水归槽

新店溪常态下水体较浅，为形成一定的水体景观进行束

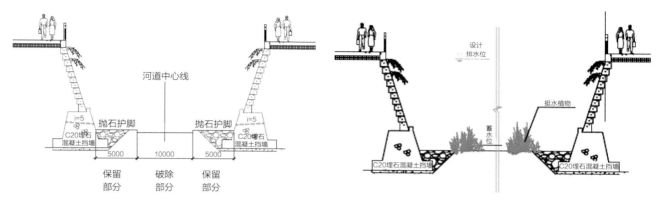

图8-6-11 新店溪原河床示意图（单位：mm）

图8-6-12 新店溪改造后河床示意图（单位：mm）

水归槽。在不破坏原有驳岸护脚的基础上进行局部硬底破除、开挖，槽深0.2～0.5m左右。同时，依据地形适当布置高0.2～0.3m的多级跌水。两侧保留的护脚基础作为人行步道，河槽采用本地冲刷卵石作为基底材料（图8-6-11、图8-6-12）。

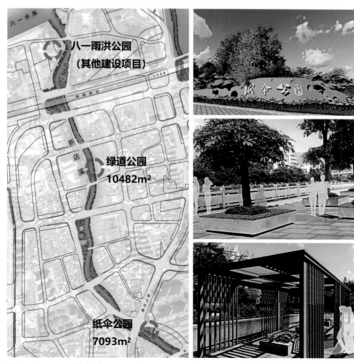

图8-6-13 三处串珠公园示意图

②植被复建

保持和恢复本地岸带植物，保护健康的生态系统，以抗冲刷柔性挺水湿生植物为主。河道水深高于15cm的河段，种植轮叶黑藻。

（3）生态景观工程

新店溪景观设计范围为八一水库到琴亭湖，全长2.4km，景观设计面积7.2hm²。其上共设置三处串珠公园（表8-6-2、图8-6-13）。

5. 整治后效果

（1）水质指标

新店溪水系综合整治工程于2017年10月开工建设，2019年6月竣工，全面转入正常运维。建成以来，各项工程设施运转良好，水质远远优于黑臭标准，COD_{cr}、NH_4^+-N、透明度指标达到地表水IV类标准，如表8-6-3所示。

三处串珠公园一览表　　　　　　　　　　　表8-6-2

序号	公园	占地（m²）	主题	新建／改造
1	纸伞公园	7534	花田	改造
2	绿道公园	8819	游憩	改造
3	雨洪公园	—	城市大海绵	—

新店溪整治前后水质指标对比表　　　　　　　　　　表8-6-3

河道名称	监测断面	水质（整治前）			整治前水质	水质（整治后）			整治后水质
		CODcr（mg/L）	NH₃-N（mg/L）	透明度（cm）		CODcr（mg/L）	NH₃-N（mg/L）	透明度（cm）	
新店溪	断面1	8	6.9	>30	劣Ⅴ类	8	0.37	42	Ⅳ类
	断面2	12	7.3	>30		10	1.43	22（见底）	
	断面3	24	7.2	7		15	1.45	23（见底）	

（2）河道感观

河道整治完成后，水清岸绿，生态、自然、野趣，两侧步道及公园成为居民休闲、健步、娱乐场所（图8-6-14、图8-6-15）。

图8-6-14　新店溪整治前效果图

图8-6-15　新店溪整治后效果图

七、解放溪

解放溪也是山溪型郊野河道的典型代表。

1. 河道基本情况

解放溪发源于新店片区东部大山山洪和溪流，一路向西汇入琴亭湖，沿途接纳崇福寺溪、汤斜溪、杨廷溪三个支河，河道总长度约8800m，其总汇水面积约23.46km²，排涝能力为5～20年（图8-7-1）。上游主要以自然山沟溪流为主，从上游至埔垱路，没有驳岸，长度约1920m；下游从埔垱路至琴亭湖，长度约6880m，现状主河断面基本按规划实施，两岸片区开发建设较为完善，河道东南岸已有中天翡翠、枫丹白鹭、山姆小镇、

图8-7-1　解放溪位置示意图

蓝山四季、亿力名居、三木家园等新建小区，现状河宽9.0～16.0m，现状河床底标高4.23～33.13m，设计涝水流量58.2～135m³/s。主河驳岸建设较为完善。现状解放溪河底淤积较为严重，在径流量较小时，水流多从泥沙中间冲刷出的缝隙处流过。

2. 河道存在的问题

（1）污染情况

根据现场河道水质踏勘情况，划分为两段。

解放溪岸线上游为自然山沟溪流，水质较好，中下游驳岸已建成，水质相对较差。其中：第一段起点为崇福寺溪，终点为杨廷路，河道长度为780m，整体水质感观为不黑不臭，两边驳岸已建成，河道主要位于城中村和部分在建区域；第二段起点为杨廷路，终点为琴亭湖，河道长度为3767m，整体水质感官为轻度黑臭，且晴天有排水口排出污水，两边驳岸已建成，河道主要位于部分在建区和建成区（表8-7-1）。

解放溪水质感观情况表　　　　　　　　　　表8-7-1

分段	起点终点	长度（m）	水质感官	驳岸状况	周边地块
Ⅰ段	崇福寺溪—杨廷路	780	不黑不臭	已建	城中村、在建区
Ⅱ段	杨廷路—琴亭湖	3767	轻度黑臭	已建	在建区、建成区

（2）河床冲刷

解放溪新嘉小区以下河床现状都采用块石进行了护砌防冲，局部存在块石掀翻、堤脚掏刷的情况（图8-7-2、图8-7-3）。

图8-7-2　崇福寺溪—杨廷路水质感观情况

图8-7-3　杨廷路—琴亭湖水质感观情况

（3）景观现状

解放溪中下游段为新近治理的人工河道，自然河流被城市景观河道取代。新建堤岸硬质化、线性化。沿岸局部河段淤滩上有杂草，坡脚或岸坡上偶见灌木和乔木。

（4）两岸建筑现状

解放溪两岸的建筑主要为近10年开发建设的现代化住宅小区，大多为钢筋混凝土及混合结构建筑，以多层及小高层为主，层数集中在4~12层。

（5）两岸园路情况

除局部河段的小区内部步行道外，河道堤顶或临岸没有沿河道路。两岸因地块开发，大部分河段均有临岸建筑。临岸建筑以新建多层及高层混凝土结构建筑为主。

总体来说，解放溪两侧堤岸的通达性很差，很多河段被沿河小区隔断成私家花园，河道绿化景观改善形成城市休憩空间后，须设置滨河步道引导和吸引周边市民，发挥工程效益。同时，堤顶通道贯通后，也有利于河道的抢险防汛工作，降低洪涝灾害风险。

（6）跨河建构筑物

解放溪现状河道上的跨河建筑物主要有桥梁和各类市政管线，21座桥梁中有4座行洪断面不足，其中市政管线外露在桥梁两侧，影响解放溪整体美观效果。

3. 整治思路

（1）水质提升思路

点源污染、面源污染及内源污染整治相结合。

①点源污染：主要是以排污口整治及排污口截污为主。

②面源污染：主要是通过海绵设施建设、沿河截污调蓄及就地净化处理对初期雨水及面源污染进行治理。

③内源污染：主要是通过底泥清淤、河床生态化改造等措施，消除内源对河道水质的影响。

（2）景观提升思路

①以改善人居环境为基本任务。

②以空间开发和合理利用为基本准则。

③以历史文化内涵挖掘为亮点。

④以串联生态和休闲廊道为重要途径。

（3）驳岸改造思路

结合周边用地的规划和现状采用多种断面形式，通过驳岸的变化和水面的宽窄变化体现河道的特色。

（4）生态改造思路

本次河道综合整治中，根据河道的水动力学特性，采用自然和人工干预的方式，河道平面走向能弯则弯，河道断面尽可能采用近自然的复式梯形形态，在河床上开挖深泓槽，形成浅滩、深潭等多样性空间。

（5）两岸建筑改造思路

结合周边景观风貌和地域位置，对与周边景观不协调的建筑，主要是对外立面进行装饰装修和局部改造。

（6）桥梁及跨河管线整治思路

21座桥梁中有4座行洪断面不足，本次结合防洪排涝规划及景观风貌，进行改造。对跨河管线，从景观美化和集中管理的角度出发，所有的跨河管线均规整纳入改造后的桥梁管线专用通道内。

4．整治内容

（1）污染治理

①截污工程

根据沿河排污口情况，进行截污工程建设：

A．新嘉小区—福峰路：沿河南侧敷设截污干管，管径$DN400\text{mm} \sim DN1000\text{mm}$，总长800m。

B．福峰路—三木家园：沿河南侧敷设截污干管，管径$DN300\text{mm} \sim DN1000\text{mm}$，总长750m。

C．亿力名居：沿河南侧敷设截污干管，管径$DN400\text{mm} \sim DN800\text{mm}$，总长400m。

D．山姆小镇、枫丹白鹭：沿河南侧敷设截污干管，管径$DN400\text{mm} \sim DN800\text{mm}$，总长600m。

E．中天翡翠、磐石新城：沿河南侧敷设截污干管，管径$DN300\text{mm} \sim DN800\text{mm}$，总长600m。

②调蓄池建设

同时，结合上述5段沿河截污系统，建设5座调蓄池：

A．1号调蓄池

容积：2000m³；

雨天截流水（物化）处理装置：2000m³；

旱天截流水（生化）处理装置：300m³。

B．2号调蓄池

容积：2000m³；

雨天截流水（物化）处理装置：2000m³；

旱天截流水（生化）处理装置：300m³。

C．3号调蓄池

容积：1000m³；

雨天截流水（物化）处理装置：1000m³；

旱天截流水（生化）处理装置：300m³。

D．4号调蓄池

容积：1000m³；

雨天截流水（物化）处理装置：1000m³；

旱天截流水（生化）处理装置：300m³。

E．5号调蓄池

容积：1000m³；

雨天截流水（物化）处理装置：1000m³；

旱天截流水（生化）处理装置：300m³。

以上，旱天截流水（生化）处理装置总规模：1500m³/d；超过旱天截流水（生化）处理装置处理能力或市政管网输送能力的合流污水进入调蓄设施，调蓄池5座，总调蓄规模7000m³。调蓄水提升至雨天截流水（物化）处理装置处理后排河。

上述前4段旱天污水截流进入旱天截流水（生化）处理装置进行处理排河，第5段旱天污水截流进入秀峰路DN1400mm污水主管。各段雨季截流污水首先进入调蓄池，提升至雨天截流水（物化）处理装置处理后排河。

（2）岸线治理

岸线治理包括底泥清淤、河床治理、驳岸改造、景观改造、生态治理几个方面，主要分上下游两个段落进行整治。

①上游无驳岸自然河段

上游无驳岸自然河段，共分三段处理：

A．第一段：上游起始段，长度约420m，本段河道位于上游，平时河道没水，下雨时才有水，设计采用卵石堆砌河床。下雨时形成小溪景观，无水时形成旱溪景观（图8-7-4）。

B．第二段：上游中段，长度约1100m，岸线两边公共绿地面积约13万m²，靠近山体，设计定位为山体与城市的过渡区域。适当拓宽河道水面面积，河堤与公园统一设计既增加了公园的亲水性又可美化河堤。河道通过溢水堰蓄水并形成较大的水面面积，浅水区种植湿地植物净化水质并作为湿地科普教育区，滩涂的建设还可为鸟类和鱼类提供食物（图8-7-5）。

C．第三段：上游下段，长度约400m，公共绿地面积约3.5万m²，靠近规划体育用地，设计以全面健身为主题。河道西侧采用二级式生态河堤；适当拓宽河道水面面积，河堤与公园统一设计既增加了公园的亲水性又可美化河堤。河道通过溢水堰蓄水并形成较大的水面面积，浅水区种植湿地植物净化水质（图8-7-6）。

　　②下游直立式驳岸段

　　解放溪埔党路下游，全长约6880m，现状已有垂直毛石驳岸，河道底部为混凝土。周边均为高档小区和少量公共绿地，小区绿化有较大部分至河堤（图8-7-7、图8-7-8）。

图8-7-4　旱溪断面图（上游起端）

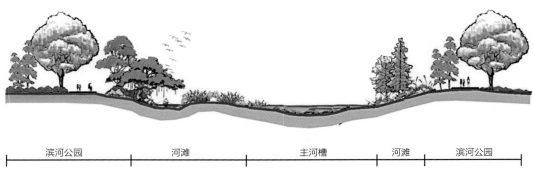

图8-7-5　浅滩断面图（上游中端）

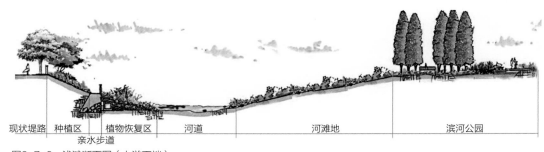

图8-7-6　浅滩断面图（上游下端）

　　设计保留现状河堤，在河堤顶设置花池种植下垂植物，并在靠河堤绿地种植垂柳等植物
在河床底部局部设置种植槽种植水生植物。通过植物的遮挡软化河堤（图8-7-9）。

　　（3）桥梁及跨河管线改造

　　本次按照防洪排涝规划，主要对4座阻水桥梁进行改造，结合桥梁所在的位置及区域的
文化底蕴，3座桥梁改造成具有古朴风格的石拱桥，1座桥梁改造成具有现代风格的钢构桥
（图8-7-10）。

　　5. 整治后效果

　　经过本次整治，解放溪治理后的效果如图8-7-11～图8-7-14所示：

图8-7-7　下游直立式驳岸现场实景图-1　　　　图8-7-8　下游直立式驳岸现场实景图-2

图8-7-9　下游直立式驳岸断面改造方案图

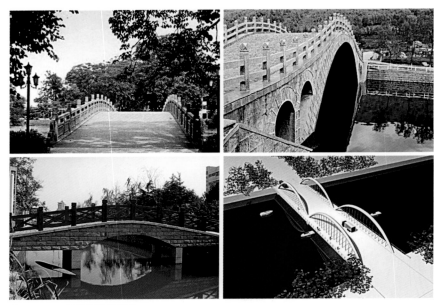

图8-7-10　桥梁改造效果图

图8-7-11　旱溪实景效果图（上游起端）

图8-7-12　郊野公园效果图（上游中端）　　图8-7-13　带状体育公园（上游下端）　　图8-7-14　下游直立式驳岸断面改造效果图

八、凤坂河（含凤坂一支河）

凤坂河是河流治理与晋安湖滞洪水体结合的典型代表。

1. 河道基本情况

凤坂河位于晋安区，其于福新路与六一北路交叉口处西接晋安河，向西延伸，依次横穿长乐北路、连江路、茶会路、洋头尾路，后折向东南，穿过福新东路、福马路、远洋路后，南接光明港汇至闽江，河道总长度约为5.2km，流域范围面积共191hm²。凤坂河可分为三段，上游流经居民区、写字楼、酒店等，由起点至岳峰支路，长约1.2km，宽20～25m；中段流经岳峰村、茶会村、鼓四、凤坂村等城中村，建材、石材加工批发市场、茶会小区、鼓一花园等居民小区等，至福州机电工程职业技术学校为止，长约2.9km，宽20～33m；下游主要流经融侨东区、文华小区、三木家园、连凤小区等新建居民小区，至光明港，长约1.1km，宽20～40m，河道基本已按规划宽度实施到位（图8-8-1）。

图8-8-1 凤坂河及凤坂一支河位置示意图

凤坂一支河为凤坂河支河，起源于北侧山体，途经北三环路，穿越鼓山镇园中村及东区水厂，向西南方向延伸，依次横穿福厦铁路、鹤林路后，折向正南，穿过化工路、福新路后，于鼓山镇鼓四村附近汇入凤坂河。河道全长约5km，现状河宽6.6～26.4m，规划河宽16～35m，流域面积约14.5km²。河道两侧整治前有工厂、城中村小区等，河道为晋安鹤林片区的主要行洪河道之一。

2. 河道存在的问题

凤坂河驳岸现状基本已按规划实施到位，一方面主要分流晋安河部分河水至下游光明港，同时承接周边地块的排水；另一方面承接凤坂一支河的来水。凤坂河主要问题：一是中段流经岳峰村、茶会村、鼓四村、凤坂村等城中村时，刚好承接凤坂一支河的来水，造成河道水位壅高、内涝频发；二是凤坂河沿线存在部分污水混接入河问题，流域主要用地包括城中村、新建小区、老旧小区及部分工业用地，其中主要污染为城中村雨污合流直排河道及面源污染、老旧小区雨污分流不彻底，部分污水混接入雨水排放口。

凤坂一支河为行洪河道，北侧承接山体洪水，汇水面积大，河道坡度较大，来水速度快，下游接入凤坂河后，极易造成下游河道水位壅高，形成内涝。同时，现状河道周边未经开发，存在景观效果差和污水入河问题（图8-8-2～图8-8-5）。

3. 整治思路

在沿河截污调蓄的基础上，为解决片区的排涝问题，以及提升片区的整体城市景观。福州市提出在凤坂河和凤坂一支河交界处建设滞洪错峰人工湖体（晋安湖），同时与北段的牛岗山公园连成一体，构建晋安区的大绿带系统。拟将牛岗山及晋安湖公园打造成晋安区未来的城市中央绿轴，未来城市的活力中心，兼有山地、滨河、滨湖等诸多特色。公园占地面积约89hm²，设计上结合海绵城市设计理念，改变公园原有的排水理念，结合山地公园、生态河流、调蓄湖体等特色，打造全新概念的山水海绵公园（图8-8-6）。

图8-8-2　凤坂河-1

图8-8-3　凤坂河-2（凤坂一支河入河口）

图8-8-4　凤坂一支河-1

图8-8-5　凤坂一支河-2

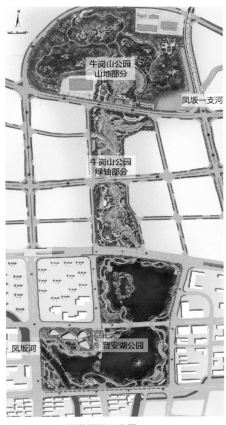

图8-8-6　项目总平面示意图

4. 整治内容

本书主要介绍河道结合湖体建设部分的内容。项目主要整治内容包括湖体开挖，闸门设置、生态活水、河湖分流工程和景观绿化工程等，项目总投资70.7亿元，工程费用14.3亿元。

（1）开挖湖体：沿凤坂河、凤坂一支河两岸开挖成湖，积水面积20.5km²，水域面积40.6hm²，总库容151万m³，湖底标高1.5～2.0m，景观水位4.5m，20年一遇涝水位6.0m，调蓄库容117m³。

（2）调控闸门设置：环湖设置4个水闸，1个排涝站，其中凤坂河设置2座水闸，凤坂一支河设置2个闸，排水泵站抽排流量6.24m³/s，约54万m³/d，片区排涝标准由不足10年一遇提升至近20年一遇。

（3）生态活水：湖内设置水质循环系统，保证湖水循环流动，循环流量3.3m³/s,沿湖设置12个出水口。

（4）河湖分流工程：设置分流式湖心岛屿，通过与1号闸结合，分流凤坂河，平时凤坂河河道不进入湖体，汛期通过闸门控制，河水进入湖体。通过设置DN1800mm超越管，将平时凤坂一支河湖水超越至河道下游，汛期河水进入湖体调蓄。

（5）景观绿化工程：通过沿线景观开发，与北侧的鹤林生态公园、牛岗山公园南北相连，共同组成济南新城核心区最大的海绵生态公园，总面积约114hm²。

5. 整治后效果

晋安湖建成后，大大提升了周边片区的排涝标准，湖体水域面积40.6hm²，总库容151万m³，调蓄库容117m³，通过4闸1站的调控模式，片区排涝标准由不足10年一遇提升至近20年一遇。同时，晋安湖与北侧的鹤林生态公园、牛岗山公园南北相连，构成了晋安区的城市中央绿轴，公园兼有山地、滨河、滨湖等诸多特色，目前已成为福州市民野餐、放风筝、阳光浴、登山、亲水、亲子娱乐等休闲活动场地。项目建设为河流治理与湖体滞洪水体、片区景观开发建设相结合提供了典范（图8-8-7～图8-8-9）。

图8-8-7　凤坂河（晋安湖段）河湖分流

图8-8-8　凤坂一支河与公园结合整治后

图8-8-9　晋安湖建成后

九、庐雷河

庐雷河是福州新城平原型河流生态治理的典型代表。

1. 河道基本情况

庐雷河西起螺洲河，流经福峡路、福州庐雷制药厂、螺城路、谢坑农场后汇入南湖，河道总长6062m，河道宽12～30m，河底高程2.5～3.0m。涝水位5.25～6.59m。河道两侧有约1500m的新建硬质驳岸，其余均为自然驳岸。沿河分布主要为新建住宅区及城中村（图8-9-1）。

图8-9-1　庐雷河位置示意图

2. 河道存在的问题

　　胪雷河现状未全线贯通，水系不流动，底泥淤积严重，属于黑臭河道。根据河道周边及断面尺寸分为五段：起始段、上游段、中游段、下游段和规划段。

　　（1）起始段

　　胪雷河现状为断头河，工程建成后将与南湖连通，引南湖湖水；该段河道内水质很差，河宽4～6m，水体发黑发臭，水流流动性差；部分河段水面可见大量生活垃圾、油污及水葫芦泛滥；河道两侧建筑垃圾无序堆放，河道沿线为建材城装饰公司等企业（图8-9-2）。

　　（2）上游段

　　该段河道面宽在10～20m不等，水体流动性差，水深在0.3～0.6m；河道内水质黑臭严重，局部出现水葫芦泛滥现象；河道沿线为农田及建筑工地，主要受农业面源污染影响（图8-9-3）。

图8-9-2　胪雷河起始段现状情况

图8-9-3　胪雷河上游段现状情况

（3）中游段

该段河道未经整治，农田段两侧为土质边坡，居民区段房屋临河而建，整体流动性差，两岸建筑垃圾无序堆放。受潮汐影响，涨退潮期间水位变化不超过1m，福昆线以东水面宽4~8m；以西水面变宽6~15m，水流轻微流动，水体浑浊，局部发黑发臭。河道沿线多居民区及农田，主要污染源为居民生活用水及农田面源污染（图8-9-4）。

（4）下游段

该段有多条支流汇入，河流水量变大，水面宽可达35m。水位受潮汐影响较大，变幅可达0.5~1m，两侧驳岸多为直立式挡墙，河道内淤积较严重，淤积深度在50cm以上。由于受潮汐影响，较上游河段水质明显好转。局部河段仍存在建筑垃圾无序堆放现象。该河段流经居民区，主要污染源为生活用水（图8-9-5、图8-9-6）。

（5）规划段

该段河道所处位置正在进行桥梁建设施工（图8-9-7）。

图8-9-4　泸雷河中游段现状情况

图8-9-5　泸雷河下游段支流汇流后现状情况-1

图8-9-6　庐雷河下游段支流汇流后现状情况-2

图8-9-7　未贯通河道现状图

3. 整治思路

庐雷河治理的思路主要从水环境、水安全、水资源、水生态、水文化5个方面和角度出发，全面综合治理流域现状存在的问题，具体包括"控源截污、内源清理、水系疏通、活水循环、生态恢复、文化融合"。

（1）控源截污

①雨污分流改造与截污纳管同步推进

新建片区、城市更新区严格执行雨污分流制。以立法和创新制度为保障，发动社会力量，启动新一轮排水管网正本清源行动。优先安排新建小区雨污混接地进行雨污分流改造，其他区域远期结合地块开发逐渐推进，近期对合流制区域优先进行截污管渠敷设。

②合流溢流污染调蓄

建立调蓄池设施集群调控系统，进行初期雨水及合流制区域溢流污染的面源控制与治理，确保排河水体的水质效果。

③污水分散与集中处理相结合

污水就近分散处理与集中处理相结合。为达到国家《水污染防治行动计划》的要求，实现污水全收集全处理，针对偏远、分散区域接入市政污水管困难问题，因地制宜建设一体化模块化污水净化装置等分散处理设施，加大污水直排整治力度。

（2）内源清理

河道清淤是保证河道畅通，提高河道泄洪能力，消除多年沉积的河道内源污染的主要措施，通过清理河底淤泥、除藻的方式，消除底泥污染物向水体释放，从而减少底泥对河水的污染，使水体污染物浓度降低。

（3）水系疏通

以城市规划部门审批的内河控制线为依据，充分利用现有河道，以疏浚整治为主，在满足内河排涝能力的同时，兼顾景观要求。

（4）活水循环

根据每条河道的污染物总量控制目标，分类、分区域、分位置解析流域内重点污染物来源，通过控制污染源产生的各环节，消减污染物总量，完善科学合理的河道补水，确保河道枯水期生态蓄水量。

（5）生态恢复

通过构建完善的水域生态系统，沉水植被系统构建（生产者）—微生物系统构建（分解者）—水生动物系统构建（消费者）三者的有机循环，提高水体自净能力。

（6）文化融合

建设不同高程的游憩活动空间，打造亲水景观，适应过洪需求，使滨江水岸成为生机勃勃、兼具休憩和防洪功能的美丽景观。

4. 整治内容

（1）截污调蓄工程

①污染源分析

A. 点源污染：共33处排口，其中7处较大合流管渠；

B. 面源污染：城中村雨污水混流。

②沿河截污治污现状

沿河尚未进行截污，新建小区基本实现雨污分流，城中村区域为雨污合流，直排进入胪雷河。

③沿河截污治污方案

沿河敷设截污管，管径$DN600 \sim DN2000$mm，总长约5470m。旱季污水100%截流进入污水处理厂处理。

④调蓄方案

拟设置4座调蓄设施，超过截污管输送能力的合流污水进入调蓄设施，总调蓄规模2.8万m³，分别为1号调蓄池10000m³，占地面积2000m²；2号调蓄池3000m³，占地面积600m²；3号调蓄池10000m³，占地面积2000m²；4号调蓄池5000m³，占地面积1000m²。调蓄设施选址均为规划绿地内。

调蓄池容积计算如下：

由于胪雷河周边区域新建小区均按照雨污分流制建设，市政主干道路管网也是按照雨污分流制建设，考虑到区域随地块开发逐步向雨污分流制推进，本次调蓄池按照《室外排水设计规范》GB 50014—2016[①]中分流制排水系统径流污染控制的计算方法进行复核，即：

$$V=\sum 10\psi DS\beta$$

式中：V——调蓄池有效容积（m³）。

D——调蓄量（mm），按降雨量计，本次取6mm。

S——调蓄池汇水面积（hm²）。

ψ——不同汇水面积内的综合径流系数，本次取0.6。

β——调蓄池容积计算安全系数，本次取1.2。

⑤污水出路

旱季污水100%截流进入市政污水管，雨季超过截污管截污能力的合流污水进调蓄设施，旱季再排至市政污水管，至连坂污水处理厂处理。

⑥截污管接入市政管网的方式

截污管接入市政管网的方式根据截污管标高的不同可分为：

A. 自流排

截污管管底标高比市政污水管高时，截流到的污水重力流排入市政污水管。

B. 泵抽排

截污管管底标高比市政污水管低时，截流到的污水通过小型潜污泵抽排到市政污水管。

（2）清淤工程

①泥质分析

通过对胪雷河底泥进行检测，得到以下结论，重金属都在《土壤环境质量标准》GB 15618[②]标准值范围内，而氮、磷等有机物严重超标（表8-9-1）。

---

① 该项目于2016年开始，当时即按照此标准执行实施，如今该标准进行修编，被《室外排水设计标准》GB 50014—2021替代。

② 该项目于2016年开始，当时按照此标准执行实施，后该标准被《土壤环境质量 农用地土壤污染风险管控标准（试行）》GB 15618—2018替代。

泸雷河底泥成分分析表　　　　　　　表8-9-1

河道	单位	氮	磷	汞	镉	铅	镍	铬	砷	铜	锌
泸雷河	mg/kg	2738	1849	0.094	0.1	67.8	149	160	28.5	53	286

②清淤方式

由于泸雷河整体水面较宽，本次采用环保绞吸船或水上挖掘机+脱水后外运处置的方法对现有河道进行清淤施工。淤泥采用离心脱水工艺脱水后，运送至政府指定的处置场所。

③清淤原则

A. 现状河底标高高于规划设计河底标高：河底为软质淤泥，清淤至规划河底标高；河底为硬质底，清淤至硬质底。

B. 现状河底标高低于规划设计河底标高：酌情清除河底软质淤泥。

采用以上方式，泸雷河最终清淤量为122349.4m³。

（3）河道贯通

泸雷河对于规划段还未贯通的，本次整治按照规划要求进行贯通。

贯通原则

A. 整治要满足城市建设的需要，在设计标准下，涝水不能漫溢，同时满足内河引水、生态景观要求。

B. 整治要与城建、交通航运、污水处理、土地开发、环境保护等相结合，达到综合治理的目的。

C. 要充分发挥河道槽蓄滞洪作用，以泄为主，最大限度减少拆迁和占地。

D. 以城市规划部门审批的内河控制线为依据，充分利用现有河道，以疏浚整治为主，在满足内河排涝能力的同时，兼顾景观要求。

本次河道贯通主要是打通未按照规划实施到位的河段（图8-9-8）。

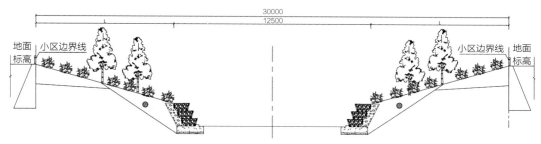

图8-9-8　打通河道的河道断面图（单位：mm）

（4）补水循环

本次胪雷河生态补水规模按照以下三个原则：

①截污率

根据闽江南港水源水质条件、福州市排水现状及排水体制，以及目前福州市在实施内河综合整治，内河截污逐步完善，截污率将逐步提高，内河水质也得到较大改善，因此，截污率按不小于80%考虑。

②水质

生态补水后，内河水质达到水环境功能区划要求，即《地表水环境质量标准》GB 3838—2002中的Ⅴ类标准。

③计算方法

南北港潮位资料，采用二维水动力模型计算得到水位边界。内河生态补水规模按混合水质模型初拟计算，并用一维河网水动力、水质数学模型复核计算确定。

根据以上原则，通过模型模拟，胪雷河入口设计引水流量9m³/s，流经螺城河交汇口后，螺城河分配引水流量3m³/s，胪雷河分配引水流量6m³/s；流经胪雷一支河交汇口后，胪雷一支河分配引水流量1m³/s，胪雷河分配引水流量5m³/s；流经石边河交汇口后，石边河分配引水流量1m³/s，胪雷河分配引水流量4m³/s，胪雷河设计景观水位3.8～4.2m。

（5）生态修复

胪雷河截污清淤完成后，同时通过生态补水，保持一定高度的景观水位，在河道内构建水域生态系统，使水生态系统实现生产者、消费者、分解者三者的有机统一，促进河道自净能力的恢复与提高，依靠河道自净能力净化水体。具体使用工艺包括"底质改良+水质调控+生物强化处理+曝气富氧+沉水植被系统构建+水生动物调控"。

①底质改良工程

项目区河道机械清淤后，底质环境很不稳定，污染物极易释放到河道水体中，增加水体富营养化程度。投撒底质改良型环境修复剂，一方面继续分解底泥中的污染物，控制内源污染的释放；另一方面改善底泥的环境要素，快速恢复底泥中的有益微生物系统，稳定底泥环境，为沉水植被的生长提供了一个良好的生境，为构建健康稳定水生态系统提供了一个良好的基础条件。

为使河道底部形成稳定有益微生物环境，减少内源释放和内源污染积累，在胪雷河河底投加底质改良型环境修复剂。

②微生物水质调控工程

为恢复河底水体健康的微生物环境，适时适量地投加微生物调控型环境修复菌剂改善水体内的微生物环境，进行水质生态优化，分解水体中污染物，提高水体的透明度。

③生物强化工程

在本区域污染较重、缺氧严重的区域内，放置多孔生物填料，其核心是以多孔生物填料作为微生物载体，促进大面积生物膜的形成，增强净化效率，促进其对污染物的分解净化。布设多孔生物填料滤床层，高度20cm，主要布设在雨污排口。

④曝气富氧工程

在污染较重、缺氧严重的区域内，采用曝气机加强水体流动，对水体进行富氧，促进其对污染物的分解净化。推流曝气机设计在流动性较差的区域；太阳能曝气机设计在北侧农田分布的不方便接电区域；河道净化一体机设计在中段新建小区排口较多区域及南侧排口较多的宽阔水域附近，与多孔生物填料配套使用。

⑤沉水植被系统构建

根据耐污、耐冲刷以及易管理等需要，选择多种本地沉水物种，合理配置，形成一年四季常绿，且有季节更替的生物群落，丰富河流生态，创建健康的河道生态系统。根据水体水质和污染特征，生态系统的功能、水深条件和景观布局，为达到水体自净，沉水植被主要采用冷暖季植被配栽植，物种选择上以本地沉水植被种植为主，选择矮生苦草、黑藻、龙须眼子菜（耐冲）、狐尾藻（耐污）等福州地区常见的沉水植被。栽植区域主要选择在胪雷河上游，水流较缓处。

⑥调控水生动物

该河道全水域进行水生动物系统构建，本次设计主要投放种类有：乌鳢，凶猛经济鱼类；萝卜螺，螺类，水草及附着藻清洁工；环棱螺，螺类，杂食偏草食性；河蚌等。

（6）景观提升

对胪雷河周边用地、交通、文化、驳岸进行分析，胪雷河及周边现状总结如下：

①区域内文化景点主要为祠堂、名人故居和寺庙。周边有三个公园作为附近居民的休闲空间。

②胪雷河紧邻五条城市主干路，区域内次级道路系统不成体系，需要进行梳理。

③河道周边用地主要为居住用地、建设用地和城市绿地，零散分布农田。

④驳岸主要有硬质驳岸和自然驳岸两种形式，驳岸现状较差，驳岸周边堆积大量垃圾。

根据以上分析，对胪雷河的定位为：城市名片，展示韵廊。因此，本次景观方案为：

串联文化节点：串联河道周边游憩资源点，形成游憩绿廊。

城市形象展示：设计城市景观节点，加大宣传城市文化场地、休闲文化长廊。

增加慢行交通：在常水位线设置自行车绿道体系，串联河道。

增加开放空间：在绿道的连接游憩资源点位置，打造开放空间，供游人休憩。

河道景观治理：清理现状周边生活垃圾及建筑垃圾，规范垃圾回收。

图8-9-9　泸雷河洪水期效果图

图8-9-10　泸雷河常水位效果图

重塑岸线景观：拓宽河道，重新梳理侵占河道的建筑，拆除严重影响河岸行洪的违章临时建筑。

5. 整治后效果

泸雷河经过截污调蓄、清淤工程、河道贯通、补水循环、生态修复、景观提升等综合治理，整体面貌大幅提升，被称为福州版"清溪川"，如今成了一条网红生态河，打造成了以"生态、亲水"为特色的福州门户，一派诗意水乡（图8-9-9、图8-9-10）。

十、马杭洲河

马杭洲河是福州新城行洪河道的代表。

1. 河道基本情况

马杭洲河位于福州三江口片区，起于梁厝河，终于南江滨东大道排入乌龙江，涉及河宽30~130m，左右岸绿化带宽25~100m，河道总长2.6km，汇水面积约25.2km²。马杭洲河横穿三江口片区，河道与梁厝河、下洋河和清富河等河道相连，是片区最重要的排水行洪河道。同时，河道位于片区的中轴线上，沿线有海峡艺术中心、梁厝古文化村、若干地铁站点，是片区重要的景观河道（图8-10-1）。

2. 河道存在的问题

马杭洲河所在区域福州三江口南台岛东部片区位于福州市南台岛东部滨江地带，规划为福州市行政中心区，核心功能承载区，地理位置极其重要。马杭洲河整治前河道未形成，现场以分散冲沟为主，断头河较多，同时河道规划线上存在大面积的村落，冲沟主要作为周边村落的雨水和污水的排放去处。河道面临排涝能力不足、水质污染问题以及河道周边环境及

图8-10-1　马杭洲河位置示意图

整体风貌差，缺乏城市文化底蕴和历史底蕴等严重问题。随着周边城市的快速开发建设，问题日益凸显，影响了片区的发展。作为片区最重要的河道，进行河道开发建设，对片区水系治理和城区风貌的提升都具有重要作用（图8-10-2）。

3. 整治思路

如前所述，马杭州河横穿片区，位于片区的中轴线上，是片区重要的排水行洪河道和景观河道。河道设计总体目标是解决三江口片区排水排涝问题，提升水环境，同时通过景观策划和建设形成梁厝古村和海峡文化艺术中心的绿轴，提升三江口旅游文化建设，提高整体河道的绿地率和生态效益，发掘历史河道的文化内涵。项目以系统性思维出发，以水系建设为抓手，统筹考虑了海绵城市建设理念、生态理念、黑涝同治理念、岸上岸下同步建设理念、点线面相结合的系统建设理念，改变了原来河道建设仅解决防洪排涝问题的单一理念。

全线拆迁，确保河道和景观建设所需空间。按规划宽度建设河道，提高片区的排水行洪能力，将驳岸改成蜿蜒曲折的自然式生态驳岸，拟打造自然生态低维护低破坏的自然型生态河流。

从片区水系整体入手，统一考虑截污调蓄方案，对初雨进行截流处理，提升水环境。充

图8-10-2　马杭洲河整治前

分利用河道靠近闽江和乌龙江优势，利用闽江和乌龙江的涨落潮进行补水。

河两侧上位规划多为居住区地块和商业地块，线设有多个地铁口，河道景观开发建设充分考虑与周边结合，将河道景观设计为一个集雨洪调蓄、资源回用、休闲娱乐等多功能于一体的区域性景观基础设施公园，为福州水资源及生态调控提供了有力支持，充分彰显了福州地域特征、生态功能和社会功能。

4. 整治内容

项目主要建设内容包括沿河截污调蓄工程、河道开挖与驳岸工程、补水工程、景观绿化工程、智慧水务工程内容。项目工程费用约5.56亿元，总体于2022年10月完工。

（1）沿线成片拆迁：对河道绿线25～100m范围进行的违章建筑全部拆迁（部分文物建筑保留），确保两岸空间，确保河道治理所需空间。

（2）河道开挖贯通：对河道进行清障疏浚，开挖河道2.56km，清运渣土约63万m³，增加水域面积15.67万m²。

（3）控源截污：沿河两岸建设初雨截流管道，将沿河两岸的排口进行截流，确保初期雨水不进入河道，保证水质。累计建设截污管3.6km，增设截流井19座，安装闸门35座，建设调蓄池和处理站1座（15000m³/d）。

（4）补水活水：利用梁厝河和马杭洲河与闽江乌龙江的河口水闸站进行潮汐补水，低潮利用现有泵站引水，引水流量6.0m³/s，利用闸门运行调控水位，保证河道流量流速，让水动起来，活起来，形成良好的水域环境。

（5）景观及其配套提升：新增景观绿化公园面积16.5万m²，新增步道10.0km。充分考虑与周边结合，重点打造"文化休闲区""商业休闲区""邻里休闲区"和"生态休闲区"四大主题区。

（6）增设便民设施：新增3座跨河步行景观桥梁、6座公厕。沿线建设4个停车场、2组儿童游乐设施、1组篮球场及网球场，为市民提供便捷服务，使河道成为市民的亲水乐园。

（7）智慧水务建设：沿河道上中下游设置3套水质水位在线监测系统，建设1座二级控制中心。

5. 整治后效果

马杭州河经过整治后河道全线贯通，解决了排水排涝问题，同时通过全面系统的截流调蓄补水措施，水生态得到全面提升。通过打造生态驳岸，拉近驳岸与水的距离，营造风景独特的活力生态岸线，通过重点打造"文化休闲区""商业休闲区""邻里休闲区"和"生态休闲区"四大主题区，极大地提升了景观效果。马杭洲河已成为一个集雨洪调蓄、资源回用、休闲娱乐等多功能于一体的区域性活力、生态的景观基础设施公园，是片区的最美河道，是打造生态河道治理的又一典范，极大地促进了片区的发展建设（图8-10-3）。

图8-10-3　马杭洲河整治后

十一、君竹河

君竹河是福州城郊行洪河道的典型代表。

1. 河道基本情况

君竹河是福州市城郊行洪河道，河道发源于天马山，由君竹明渠、君西支渠组成。君竹明渠由北向东南汇入闽江，全长3.9km，河宽8～100m，水域面积23.0hm²；君西支渠以君西截污闸为界，上游为1.5km合流暗渠，下游为长500m、宽8m明渠，由西向东汇入君竹明渠，水域面积0.4hm²。君竹河为感潮河道，平均高潮水位4.7m（罗零高程，下同），平均低潮水位3.0m（图8-11-1）。

君竹河在2011年进行过整治，在支渠两侧、明渠上游进行截污，河道全线清淤；由于截污不彻底、后期管养不到位，河道出现返黑返臭情况。根据2016年2月的水质检测数据，对照黑臭水体判定标准，君竹河水质呈现黑臭现象，明渠二附中到万下水闸段轻度黑臭，支渠全段重度黑臭。

2017年起整治的河段包括君竹明渠（二附中—万下水闸河段），长1165m，宽8～22m，平均水深2.5m，轻度黑臭；君西支渠，长500m，宽8m，平均水深2m，重度黑臭（图8-11-2）。

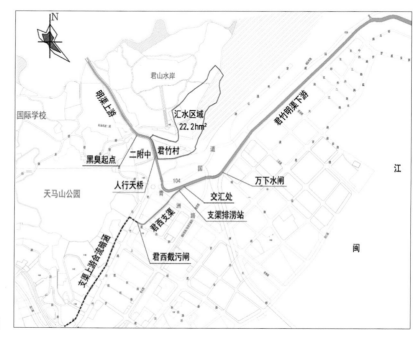

图8-11-1　君竹河位置示意图

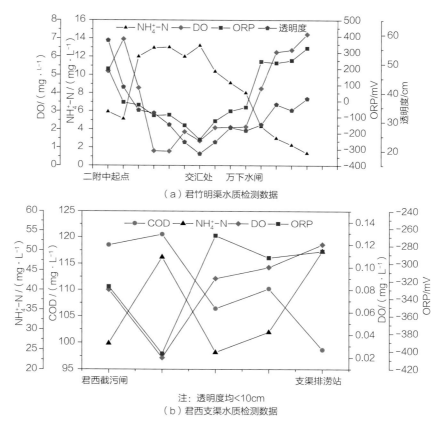

（a）君竹明渠水质检测数据

注：透明度均<10cm
（b）君西支渠水质检测数据

图8-11-2　君竹河整治前水质数据

2. 河道存在的问题

（1）污染情况

君竹河流域位于城市核心区，周边主要为居住小区、学校、企事业单位、城中村及作坊。

①点源污染

明渠：河道上游2011年已进行截污，现状截污管道存在破损，大量污水漏排河道；君竹村为合流区域，未截污，晴天污水直排河道；二附中人行天桥旁存在道路雨水边沟形成的混接雨水排口，上游山泉水汇入，沿线疗养院、机械厂新村、幼儿园有污水混接。据调查，明渠现状晴天排污口17处，晴天排污量1600m³/d。

支渠：上游为合流暗涵，沿线城中村污水汇入，通过君竹泵站提升接入市政管道，由于君西截污闸渗漏严重，晴天大量合流污水排河；支渠沿河截污管重力接入青州路DN300mm

污水管道，由于污水干管现状运行水位高，污水倒流从截流井溢出；青洲桥南岸存在混接的雨水排口，发现晴天污水流出。据调查，支渠现状晴天排污口6处，晴天排污量605m³/d。

②面源污染

流域内面源污染主要来自城中村区域居民活动产生的污染物，包括君竹村、支渠上游城中村等区域。

③内源污染

河面漂浮垃圾、河底沉积淤泥是君竹河最主要的内源污染物。长时间排污及乱扔垃圾，污染物逐渐沉积，淤泥层不断释放污染和臭气，是水环境恶化的重要原因。君竹河多年未开展清淤工作，据现场测量，底泥淤积深度0.5～1.3m，呈深黑色，散发恶臭。

根据底泥检测结果如表8-11-1所示，君竹河底泥有机质含量7.5%～16.2%，易于脱水处理；重金属含量不高，各指标均达到农用A级标准。

君竹河底泥成分数据表　　　　　　　表8-11-1

样品	有机质	Fe	Al	Zn	Cu	Mn	Ba	Cr	Ni	Cd	Pb	Co	As
MQ-1	11.4%	2742.6	1469.7	162.1	6.3	88.8	132.4	5.7	2.2	/	11.1	1.9	2.2
MQ-2	11.6%	1904.1	629.8	219.9	7.5	38.2	41.3	5.6	2.1	/	9	1.7	0.7
ZQ-1	7.5%	3231	1434.5	236.8	7.7	86.6	94.8	9.2	2.9	/	16.8	2.8	2.9
ZQ-2	16.2%	1957.3	925.2	295.8	8.4	51.1	36.8	6	2.3	/	9	1.7	0.1
农用泥质A标	—	—	—	<1500	<500	—	—	<500	<100	<3	<300	—	<30

注：重金属离子浓度单位mg/kg，/为未检出，—为未列项。

（2）内涝情况

君竹村人行天桥东侧是传统易涝点之一，该地块北靠君山，西邻君竹河，雨洪水汇集通过西南侧排水箱涵排入君竹河，排水箱涵汇水面积22.2hm²。暴雨期间，伴随明渠水位抬高，地块几乎逢雨必涝。根据现场调查，该地块易涝的原因主要有：

①地势低洼。君竹村北高南低、东高西低，地块最低高程5.60m，防洪堤顶高程7.80m（50年一遇），一旦君竹河水位抬高，上游雨洪排放不及，即堆积地块造成内涝。

②排水设施能力不足。现状排水箱涵 $B \times H$=1.5m×3.0m，涵底标高3.2m，重力排入君竹河，箱涵排口装有简易水闸，年久失修、漏损明显；在地块内涝及君竹河水位抬高的情况下，排水箱涵无法将涝水排出。

3. 整治思路

在调查分析的基础上，提出"控源截污、内源治理、活水保质、生态修复、内涝整治、景观改造"六个工程措施，确保实现消除黑臭、恢复生态、消除内涝、提升景观的目标，如图8-11-3所示。

4. 整治内容

（1）控源截污

①末端截污

对明渠上游现状截污管进行清疏改造，修复破损点3处，接驳漏接污水6处，末端挂管段采用柱体支撑满包方式重新换管，确保截流污水不外泄；明渠君竹村沿线排污口进行末端截污，岸上没有管位，在河道内部岸脚处铺设$DN400mm$截污管，采用截污井对沿线晴天排污口进行截流，末端设置一体化泵站将晴天污水及截流污水排入104国道$d400mm$现状污水管，超量雨水溢流入河。君竹村晴天排污量985m³/d，截污管截留倍数取2，一体化泵站规模3600m³/d。截流井采用上开式闸门，配套自动控制系统。

对支渠起始端截污闸门进行改造，利用现状闸门基础和土建，更换闸门和控制系统，杜绝暗涵合流污水直排河道。支渠现状截污管清疏改造，在截污管末端增设一体化泵站（1200m³/d），将截流的晴天污水提升排入青洲路现状$DN300mm$污水管，避免污水干管高水位回流，支渠现状5处晴天排污口随末端污水提升消除；改造现状截流井1座，将鸭嘴阀更换为上开式闸门。

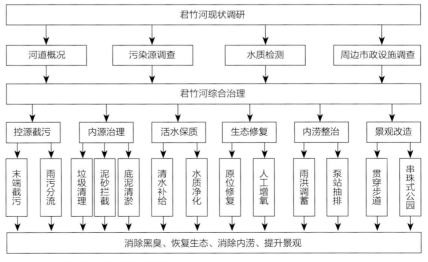

图8-11-3　君竹河综合治理技术路线

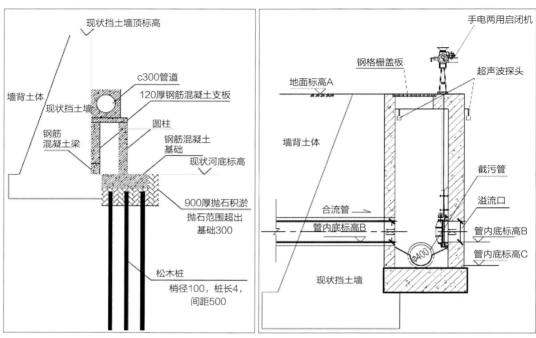

图8-11-4　挂管修复及沿河截污做法（单位：mm）

末端截污方式，清疏改造现状截污管1030m，新建截污管400m；新建截流井6座，改造截流井1座；新建污水泵站2座（规模3600m³/d、1200m³/d）；改造截污闸门1座。消除现状排污口21处，截流晴天污水1330m³/d（图8-11-4）。

②雨污分流

明渠二附中人行天桥旁雨水边沟水量大、浓度低，实测流量7L/s，CODcr浓度为26mg/L，NH_4^+-N浓度为9.3mg/L，属于典型混接污水的山泉水；采用溯源排查、混接改造的方式，将上游疗养院、机械厂新村、幼儿园的混接污水接入污水管道，消除污染源。

支渠青州桥南岸 d1000mm雨水排口存在混接现象，实测流量3L/s，CODcr浓度为232mg/L，NH_4^+-N浓度为21.4mg/L，属于典型的晴天混接排口口；考虑到雨水管上游为企事业单位，内部雨污分流比较完善，对上游雨水检查井及雨水口进行污染源排查，对污水排放点进行混接改造，彻底解决污水排河问题。

雨污分流消除现状排污口2处，消除晴天排河污水864m³/d。

（2）内源治理

①垃圾清理

首先，清理明渠上游现状垃圾，避免冲至下游、沉积河底；其次，清理沿岸垃圾堆放点，避免生活垃圾、建筑垃圾及渗滤液排入河道；最后，加强日常维护，绿线范围内禁止设置垃圾堆放点。

②泥砂拦截

明渠上游山体泥砂量大，雨洪水携带大量泥砂。为减少泥砂沉积河道，在明渠二附中整治起点处、河道变宽的位置建设沉砂池，集中拦截沉积泥砂。

沉砂池由放坡段和平坡段组成，流速0.3m/s，停留时间30s，有效水深2.0m；放坡段长10m，宽8~10m，坡度8%，面积92.3m²；平坡段长10m，宽10~12m，深0.8m，面积110m²（图8-11-5）。

③底泥清淤

2011年，君竹河整治时河底采用片石干砌，本次清淤将现状河床清至河底。根据河道宽度及清淤条件，君西支渠河宽8m，明渠104国道以北段河宽8~12m，采用干式清淤；明渠104国道以南段河宽12~22m，采用半干式清淤；清淤量根据清淤前后河床实测数据进行测算，总清淤量23245m³，其中明渠北段4847m³、明渠南段14210m³、支渠4188m³。

河道淤泥在现场进行板框脱水，含水率降到40%以下外运作为绿化覆盖土使用；后期

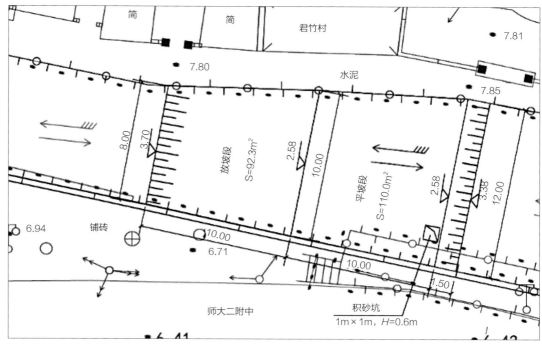

图8-11-5　沉砂池平面布置图

运维常态化清淤建议采用湿式清淤方式，增大清淤频率、减少对周边居民的影响。

（3）活水保质

活水保质作为提质增容的有效措施，可以在治理初期确保水质，促进河道恢复自净能力。

①清水补给

支渠起点截污闸门在晴天时完全关闭，河道没有自然水源补给，从明渠治理河段下游引水进行补给，在万下水闸旁建设补水泵站，沿河道驳岸脚铺设引水管道至支渠起点处。补水规模按照每天置换1次计算，因涨落潮影响每天运行8小时，泵站规模0.3m³/s，采用一体化泵站，铺设DN800mm钢筋混凝土引水管道20m，DN500mmPE补水管道930m（表8-11-2）。

支渠补水规模计算表 表8-11-2

河长（m）	河宽（m）	平均水深（m）	河道水量（m³）	运行时间（h）	补水规模（m³/s）
500	8	2.0	8000	8	0.30

明渠采取纳潮补水方式，非汛期打开万下水闸，随涨落潮循环补水；平均高潮水位4.7m，平均低潮水位3.0m，潮差1.7m，水域面积18640m²，每次纳潮31688m³，每天补水两次。

②水质净化

针对君竹村晴天散排污染以及截污管降雨初期的溢流污染问题，在君竹村南侧布置旁路处理站，对污染河水进行水质净化，作为君竹村整体改造前的临时设施，以及河水水质保障的应急措施，河水处理后回补河道。

河水处理站规模按20天处理一次计算，明渠黑臭段水域面积18640m²，平均水深2.5m，总水量46600m³，处理规模取2400m³/d；采用一体化MBBR处理工艺，可移动式装置，重点针对氨氮进行处理，进出水指标如表8-11-3所示。

河水处理站进出水指标 表8-11-3

水质指标	NH₄⁺-N（mg/L）	CODcr（mg/L）
进水	≤15	≤60
出水	≤2	≤40

（4）生态修复

①原位修复

采用IMA微生物活化系统对河道进行原位修复，活化本土微生物、加快河道恢复自净能力。IMA系统利用水体微循环，大量培植水体本土微生物，打破原水体微生物平衡状态，将整个水体转化为生物反应器系统，实现河道的原位修复。

明渠黑臭段设置8套，支渠设置3套，每套设备占地1m²，功率0.35kW，可随时开启随时关闭，具备移动安装和重复利用的特点。

②人工增氧

由于支渠上游为合流暗涵，汛期截污闸泄洪后，上游下冲的污染物对水质影响较大；恢复期内采用人工增氧措施提高河水溶解氧、降低氨氮，同时配合IMA系统强化水体自净能力，增加河道动态余量。支渠设置3套离心风机，沿线安装微孔曝气盘，每套风机功率4.0kW。

（5）内涝整治

为消除君竹村传统易涝点，在君竹村南侧建设雨洪调蓄池，削减洪峰流量，并配套泵站进行抽排。现状排水箱涵汇水面积22.2hm²，区域防洪标准20年一遇，对应的市政雨水设计重现期为5年，采用水利算法与市政算法分别测算调蓄池容积。

①调蓄池规模

水利算法采用华东特小流域公式计算，推理公式复核；市政算法采用室外排水设计规范雨洪调蓄池计算方法，如表8-11-4所示。

雨洪调蓄池规模计算表　　　　表8-11-4

计算方法		洪峰流量（m³/s）	调蓄池容积（m³）	配套泵站（m³/s）
水利算法	华东特小流域公式计算	4.27	4317	2.0
	推理公式复核	4.22		
市政算法	室外排水设计规范	—	4641	2.0

结合现场用地适当放大，确定雨洪调蓄池容积为5250m³，调蓄水深5.0m，平面尺寸 $L \times B$=35m×30m；配套泵站规模2.0m³/s。

②控制方式

雨洪调蓄池采取水位控制方式，安装2台1.0m³/s轴流泵，调蓄水深3.80m时启动一台水泵，1.5分钟后启动两台水泵，调蓄水深0m时关闭水泵；采用门式冲洗设备，冲洗水及泵坑积水采用2台100m³/h潜污吸砂泵抽排；洪水抽排后直排君竹河，冲洗水及泵坑积水通过砂水分离器处理后排入君竹河。

同时，更换排水箱涵现状水闸，采用双向铸铁镶铜方闸门，尺寸为$B \times H = 1.5m \times 3.0m$，配套手电两用启闭机；晴天防止河水上涨倒灌，汛期配合雨洪调蓄池启闭操作。

（6）景观提升

结合河道整治，对两侧景观进行提升，建设贯穿步道及串珠式带状滨水公园，构建城市生态走廊。景观提升总面积17869m²，包含两侧人行步道2112m，铁路主题公园1处、串珠公园2处。

5. 整治后效果

（1）水质指标

治理工程于2017年6月开工建设，2017年年底基本消除黑臭；2018年6月完成水工主体工程，提前进行水质运维；2019年3月竣工，全面转入正常运维。建成以来，水工设施运转良好，水质远远优于黑臭标准，CODcr、DO、NH_4^+-N地表水Ⅴ类标准的达标率分别为100%、100%、46.7%，如图8-11-6所示。

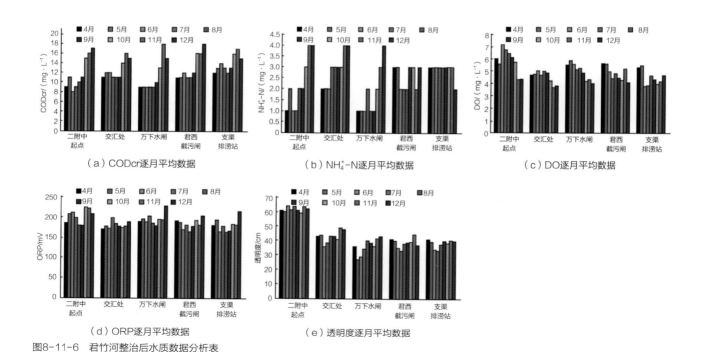

图8-11-6　君竹河整治后水质数据分析表

（a）治理前

（b）治理后

图8-11-7　君竹河治理前后对比

（2）河道感观

河道整治完成后，水清岸绿，两侧步道及公园成为居民休闲、健步、娱乐场所（图8-11-7）。

（3）内涝治理效果

雨洪调蓄池自2019年3月建成以来，经历了台风季节超标暴雨的考验，君竹村区域没有出现内涝问题。

十二、斗门调蓄池

1. 项目背景

福州市在本次水系综合治理之前，内涝频发，尤其是2015年苏迪罗台风，造成8月8日和8月9日福州火车站共停运228对动车（火车），火车北站周边遭积水围困，近万名旅客滞留火车站内（图8-12-1、图8-12-2）。

要彻底解决火车站内涝问题，受日本东京地下宫殿——"首都圈外围排水系统"的启发："首都圈外围排水系统"——由内径10m左右的下水道将5个深约70m、内径约30m的大型竖井连接起来，前4个竖井里导入的洪水通过下水道流入最后一个竖井，集中到由59根高18m、重500吨的大柱子撑起的大型蓄水池（高25.4m、长177m、宽78m），最后通过抽水泵（最大流量200m³/s），排入日本一级大河流江户川，最终汇入北部湾，全长6.3km，排水系统总容量67万m³，全球最大（图8-12-3～图8-12-6）。

图8-12-1　苏迪罗台风时火车站被
淹没范围示意图

图8-12-2　苏迪罗台风时火车站被困群众

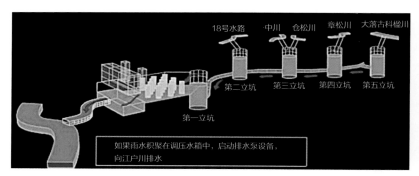

图8-12-3　日本东京首都圈外围排水系统示意图

图8-12-4　竖井实景图

图8-12-5　调蓄池实景图

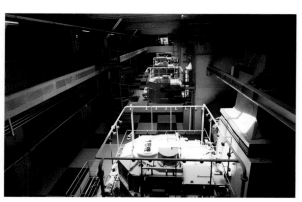

图8-12-6　雨水排水泵实景图

2. 斗门停车场调蓄池及公交立体停车场综合改造项目

（1）项目位置

斗门调蓄池位于火车北站斗门公交站。

（2）项目类型

2018年福州市重点工程，大型项目。

（3）设计方案

由于火车站区域地势较低，又加上位于晋安河的上游，一旦暴雨，因晋安河水位高导致的河水顶托，火车站区域的雨水无法正常进入晋安河，从而造成火车站内涝。本次通过在火车站附近的斗门公交站选址，建设雨水调蓄池，将火车站周边的雨水收集进入调蓄池，一旦暴雨，雨水先进入调蓄池，而后通过雨水排水泵快速抽升至晋安河（图8-12-7）。

本次设计调蓄池池容为16万m³，雨水管径为DN2800mm。

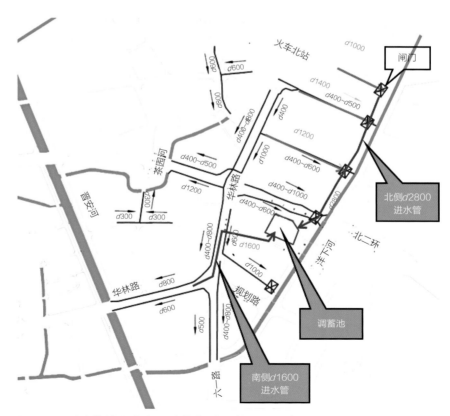

图8-12-7 火车站斗门调蓄池及雨水管道示意图（单位：mm）

　　本次调蓄池与公交停车场统筹一起建设，地上是公交立体停车场，地下一层是社会车辆停车场，最底下建设调蓄池。目前，斗门调蓄池为全国第二大单体调蓄池。该项目地上地下共10层，是一座功能复合型建筑，也是福州市目前唯一一个将调蓄池与公交停车场一体建设的立体停车场。

　　（4）工程内容及投资

　　工程内容包括地下空间、建筑、给水排水、电气及照明、暖通、消防、绿化、交通及安全设施等。工程总投资约60823.52万元。

　　（5）竣工时间

　　竣工日期：2019年7月19日。

　　（6）建成效果

　　在斗门调蓄池建成之前，斗门公交停车场一旦遭遇台风天就出现积水，严重时，上百辆公交车需要紧急调离。

　　随着2019年项目的建成，斗门调蓄池已在城市防涝排涝领域造福市民。斗门调蓄池所在区域为洋下河流域，北侧为二环路，西侧为华林路、六一路，东侧直接与洋下河相依，紧邻福州火车站。调蓄池位于地下2层～地下5层，平面为长、宽各100m的正方形，总调蓄高度16m，容积16万m³，是全国第二大单体调蓄池，蓄水量相当于76个国际标准泳池的水量，福州火车站周边0.46km²区域内的积水，都能被"收纳"其中（图8-12-8）。

图8-12-8　斗门停车场调蓄池及公交立体停车场综合改造项目建成效果图

十三、五湖三园建设

1. 五湖建设

近几年，福州市结合内涝防治共建设了5座人工湖，增加了福州市江北片区的雨水蓄滞空间。这些人工湖在晴天成为老百姓的滨河休闲空间，雨天则成为城市雨水蓄滞空间。

（1）井店湖

井店湖位于福州市晋安区新店镇井店村，湖体西临秀峰支路，东至中天桂湖云庭小区，北起山北路，南临解放溪。井店湖规划用

图8-13-1　井店湖建成后效果图

地面积8.66hm²，井店湖主要建设内容为湖体开挖工程、湖体截污工程、桥梁工程、土方平整工程、基础设施配套建设工程、绿化建设工程等，总投资20691.75万元。井店湖项目建成后的主要功能是滞蓄解放溪及杨廷水库山洪，汛期通过预先排放、腾空库容等方法，可削减上游山洪洪峰，减轻下游防洪压力。平时，井店湖能兼顾生态景观、休闲娱乐功能，环湖1700m左右的休闲步道系统，为周边居民提供了一处健身休闲场所（图8-13-1）。

（2）涧田湖

涧田湖位于福建省农科院西侧，总面积7.2hm²，其中湖体面积约3.27hm²，总库容14万m³。建好的涧田湖对上游桂后溪山洪来水起到调蓄错峰作用，当遇到洪水时，经调蓄可对桂后浦溪的洪水削峰30%左右，可以缓解下游洋下河行洪排涝压力。同时，涧田湖还建设了环湖步道、休闲广场、观景台以及停车场等设施（图8-13-2）。

（3）温泉公园湖

温泉公园湖位于福州温泉公园路，紧邻福州市中心主干道五四路，是一座具有欧式风格的休闲公园，整个公园占地约10hm²，以玻璃金字塔为中心，分为北半部和南半部两个部分。北半部以人工景观为主：分为古铁思源区、茶花园区、桂花园区、榕芳游憩区、竹园区、珍稀树木园区、热带风情区、水景观赏区、绿荫休闲区；南部仿效天然湖光山色，有山、湖、岛，树木繁茂，鸟语花香。2017年，温泉公园进行扩湖工程建设，湖体容量从原3.5万m²增加至8万m²，温泉公园景观湖集生态、景观及排涝功能于一身。"海绵城市"的设计理念得到充分体现（图8-13-3）。

图8-13-2 涧田湖建成后效果图

（4）晋安湖

晋安湖位于晋安区鹤林片区，是福州城区调蓄库容最大的生态湖，水域面积相当于西湖与左海公园的总和，水域面积约45hm²，湖体库容151万m³，江水面积20.5km²，可实现多目标调蓄、生态补水、排水及湖内循环活水功能。经控制性水闸和泵站联合调度后，将使该片区防涝标准由不足10年一遇，提高至近20年一遇。晋安湖公园综合运用"渗、滞、蓄、净、用、排"的技术方法，因地制宜地设置下凹式绿地、雨水花园、植草沟等海绵设施，将水系治理和生态修复有机结合。

晋安湖公园通过下穿步道，与鹤林生态公园、牛岗山公园相连，步道总长19.5km，组成福州城区最大的海绵生态公园即晋安公园，面积逾113hm²，是西湖和左海公园总面积（75.67hm²）的1.5倍，也是福州城区面积最大、生态系统最丰富的城市综合性公园，呈现"北山南湖、一水贯穿"的生态绿轴，是福州文旅新品牌和新地标（图8-13-4）。

（5）义井溪湖

义井溪湖位于福州新店镇义井村三环路边，义井溪湖呈三角形，除了北三环路，从西庄

图8-13-3 温泉公园湖建成后效果图   图8-13-4 晋安湖建成后效果图

路延伸过来、双向四车道的公路从湖中间穿过。义井溪湖所在地原为菜地，本次规划调整为湖体用地，将菜地下挖7~8m，最终形成一个具备调蓄涝水功能的义井溪湖，水面面积1hm²、库容5.05万m³。义井溪湖承接义井溪、赤星溪两条溪流，当义井溪水位达到削峰水位时，进水口处水闸打开，洪水进入义井溪湖，削减洪峰，从而降低下游河道的排涝压力，缓解山洪的影响，减轻下游福飞路下穿铁路涵洞等处易涝点的负担。在景观方面，由于义井溪湖处于道路互通之中，不宜吸引过多市民步行游赏，因此景观设计主要以生态修复河道、水面及高陡驳岸为主。湖边主要种植小叶榕、黄花风铃木和双色茉莉，营造朴质清新的交通景观（图8-13-5）。

2. 三园建设

（1）洋下海绵公园

洋下海绵公园位于晋安河温泉公园段的洋下新村，晋安河东侧。地块面积约9000m²，该地块为10栋危房所在地，本次将危房进行拆迁，将该地块建设成街头公园，公园采用"海绵城市"建设理念，建设下沉式绿地，汛期兼有滞洪功能。该湖体日常库容9000m³，调蓄库容6000m³，总库容15000m³（图8-13-6）。

图8-13-5　义井溪湖建成后效果图

图8-13-6　洋下海绵公园建成后效果图

（2）斗顶水库雨洪公园

斗顶水库雨洪公园位于斗顶水库下游河道的两侧，场地南北长约385m，东西宽约266m，总面积约68597m²。原有泄洪道驳岸为自然式河道（经涉水安全评估论证可行），本次新增景观河道用于蓄水，调蓄库容可达11000m³左右。方案考虑了极端情况下的淹没情况，场地内设施均为低维护做法，后期维护较为简单、成本低廉。该项目建成后的作用为辅助斗顶水库调蓄，收纳汇水分区的雨水（图8-13-7）。

（3）八一水库雨洪公园

八一水库雨洪公园位于八一水库下游河道的两侧，日常水源来自八一水库坝体溢水排水沟，水量不大，方案设计考虑了湖体枯水期的景观效果。由于该场地地形高差较大，离坝体距离过近，地下水位不深，因此不适宜深挖湖体。方案水深控制在1.5m左右，湖体库容十分有限，约6000m³。根据计算，八一水库雨洪公园范围内的汇水面积约80000m²，湖体库容用于收纳80000m²汇水就已基本饱和，若考虑水库放水调控，则风险较大，性价比不高，而将本案的雨洪功能定位为"收纳汇水分区雨水不外排"是较为合适且准确的（图8-13-8）。

图8-13-7　斗顶水库雨洪公园建成后效果图

图8-13-8　八一水库雨洪公园建成后效果图

第九章

结语及展望

　　在党中央、国务院和福建省委、省政府的坚强领导下，经过福州市全市人民1000多个日日夜夜的不懈努力，目前城市建成区黑臭水体全部消除，城市雨天内涝的情况明显改善，680km滨河绿带，以及379个"串珠式公园"装点城区内河沿岸，一座水清、河畅、岸绿、景美的水韵榕城正重新展现在世人面前。

　　但是"人民对美好生活的向往，就是我们的奋斗目标"。为了满足人民群众对水清、河畅、岸绿、景美的美好环境新期待，榕城治水，永无止境。作为治水工作者，将以永不懈怠的精神状态和一往无前的奋斗姿态，坚持一张蓝图绘到底，一年接着一年干，持续巩固内河水系治理成效，让老百姓切身感受到"临水而居、择水而憩"的获得感和幸福感，为建设新时代"有福之州"共同奋斗！

参考文献

[1] 福州市地方志编纂委员会. 福州市志 [M]. 北京：方志出版社，1999.

[2] 陈衍，等. 福州西湖志 [M]. 福州：福建水利局，1916.

[3] 福建省地方志编纂委员会. 福建省志·水利志1991—2005 [M]. 福州：鹭江出版社，2017.

[4] 福州地方志编纂委员会. 福州府志 [M]. 福州：海风出版社，2007.

[5] 黄仲昭. 八闽通志 [M]. 福州：福建人民出版社，2017.

[6] 顾浩，等. 中国水利现代化研究 [M]. 北京：中国水利水电出版社，2004.

[7] 果天廓. 前沿对话：关于现代治水理念的共同思考 [M]. 武汉：长江出版社，2006.

[8] 孙秀玲. 水资源利用与保护 [M]. 北京：中国建材工业出版社，2020.

[9] 陈吉宁，曾思育，董欣. 可持续城市水环境系统规划方法与应用 [M]. 北京：中国建筑工业出版社，2016.

[10] 沈国舫. 中国生态环境建设与水资源保护利用——中国可持续发展水资源战略研究报告集 [M]. 北京：中国水利水电出版社，2001.

[11] 张雪葳，王向荣. 福州山水风景体系研究 [M]. 北京：中国建筑工业出版社，2022.

[12] 福建省人民代表大会常务委员会. 福建省水资源条例 [Z]. 2017，7.

[13] 福州市人民政府. 福州市"十三五"水资源开发利用与保护专项规划 [Z]. 2016，5.

[14] 福州市人民政府. 福州市"十三五"环境保护规划 [Z]. 2016，9.

[15] 福州市人民政府. 福州市"十四五"水资源开发利用与保护专项规划 [Z]. 2021，9.

[16] 福州市人民政府. 福州市"十四五"生态环境保护规划 [Z]. 2021，12.

[17] 福州市人民政府. 福州市城区水系综合治理工作方案 [Z]. 2016，11.

[18] 福州市生态环境局. 福州市重点流域水生态环境保护"十四五"规划 [Z]. 2022.

[19] 福州市水系治理取得初步成效，已实现93条河道建成开放 [N]. 福州日报，2019-07-12.

[20] 变"九龙治水"为"统一作战"福州水治理显成效 [N/OL]. 中国新闻网，2018-12-25.

[21] 全域治水　打造幸福河湖可持续发展的"福州样板"[N]. 福州日报，2023-11-04.

［22］洪月明. 福州市水资源开发利用潜力分析［J］. 福建水力发电，2020（2）：
9-11.

［23］赵群. 福州市水资源及水环境问题探讨［J］. 水资源保护，2001（3）：49-52.

［24］黎元生，胡熠. 现代城市系统治水机制的理论与实践——以福州内河整治为例
［J］，福建师范大学学报（哲学社会科学版），2022（6）：87-95.

［25］余金星，陈虹. 福州内河水环境问题及综合治理建议［J］. 环境科学与管理，
2006（11）：26-28.

［26］郑博洋，陈秋红. 城市水生态环境综合治理及景观建设的现实意义［J］. 中国住
宅设施，2023（4）：70-72.

［27］王宁，黄黛诗，等. 沿海城市韧性水系规划方法与实践研究［J］. 给水排水，
2022（12）：76-83.

［28］冷红，陈天，翟国方，等. 极端气候背景下的思考：城乡建设与治水［J］. 南方
建筑，2021（6）：1-9.

［29］邹民. 浅析城市小流域河道水环境综合治理思路与存在的问题［J］. 水利技术监
督，2021（2）：52-54.

［30］陈东. 韧性城市建设导向下城市水系空间规划思考——以泸州市为例［J］. 资源
与人居环境，2020（3）：20-25.

［31］余轩，汪霞. 城市水系雨洪韧性规划设计路径与策略探究——以浚县中心城区水
系专项规划为例［J］. 城市建筑，2019（1）：76-81.

［32］周正印. 城市河网水系水环境综合治理探究［J］. 资源节约与环保，2019（8）：
5-6.

［33］陆国生. 城市河道生态修复与治理技术探讨［J］. 水资源开发与管理，2017
（5）：40-42.

［34］乔群博，刘烨. 城市景观河流生态环境综合治理技术研究［J］. 黑龙江科学，
2017（11）：174-175.

当我坐下来开始写这篇后记时，我的心中充满了感慨。回首整个书稿的写作历程，就像是一场奇妙的旅程，思绪又回到了那1000多个治水的日子，以及发生在每位治水人身上的治水故事，也感受到了水的力量与魅力。

写作这本书稿，对我而言是一次全新的挑战。我不仅深入研究了榕城的治水历史，还将其与现代生态治理理念相结合，呈现出了一种既有历史深度，又有现实意义的作品。在这个过程中，我不断查阅资料，与专家、学者、管理者、一线工人交流，实地考察，力求还原榕城治水的真实面貌。

水既是生命的源泉，也是文明的载体。榕城的治水历程，不仅是对水资源的保护和管理，更是对人与自然和谐共生理念的践行。这种理念，不仅是对榕城，对于我们每一个人来说，都具有深远的意义。

同时，我也深刻体会到了团队合作的重要性。在写作过程中，我得到了很多人的帮助和支持，包括我的领导、同事、团队、出版社的同仁，以及许多专家学者。他们的建议和指导，让我受益匪浅。

回首这段写作历程，我感到非常庆幸和满足。我相信，这本书稿不仅是对榕城治水历程的一次梳理和总结，更是对我们这个时代治水理念的一次思考和探索。希望它能够引发更多人的关注和思考，让我们共同为构建水生态文明，实现人与自然的和谐共生而努力。

最后，我要感谢所有支持和帮助过我的人，感谢他们在这段旅程中给予我的鼓励和支持。我相信，在未来的日子里，我们会一起见证更多的美好和变化。